STARK

KOMPAKT-WISSEN
MATHEMATIK Abitur

Alfred Müller

Analytische Geometrie

STARK

Bildnachweis
Umschlagbild: Heike Aissen, München

ISBN: 978-3-89449-587-9

D-85318 Freising · Postfach 1852 · Tel. (08161)1790
Auflage 2007

Inhalt

Fortsetzung siehe nächste Seite

Geraden- und Ebenengleichungen 37

Euklidische Vektorräume und Punkträume 53

Autor: Alfred Müller

Vorwort

Liebe Schülerinnen und Schüler,

dieser Band der Reihe „Kompakt-Wissen“ bietet Ihnen den Unterrichtsstoff und das für die Abiturprüfung notwendige Wissen der Analytischen Geometrie in komprimierter Form, erweitert um die Stoffgebiete „Kegelschnitte“ und „Sphärische Trigonometrie“.

- Der gesamte Unterrichtsstoff wird **verständlich erklärt**.
- Wichtige **Definitionen, Merksätze** und **Anleitungen zur Berechnung von Aufgaben** sind hervorgehoben und werden durch **Skizzen** veranschaulicht.
- Charakteristische und prägnante **Beispiele** aus der Unterrichtspraxis verdeutlichen die jeweiligen Stoffinhalte.
- Das **Stichwortverzeichnis** führt schnell und treffsicher zum jeweiligen Stoffinhalt.

Dieses Buch ist somit ideal geeignet zum schnellen Nachschlagen von Begriffen, zur zeitsparenden Wiederholung von Unterrichtsstoff und zur Vorbereitung auf Klausuren und auf die Abiturprüfung.

Alfred Müller

Grundlagen

Grundlage der Analytischen Geometrie ist das Rechnen mit Vektoren aus einem Vektorraum. Deshalb wird zur Einführung ein Bogen vom Vektorbegriff der Mittelstufe bis zur abstrakten Definition des Vektorraums gespannt. Nach dieser theoretischen Grundlegung werden letztendlich aber die geometrischen Überlegungen im dreidimensionalen Anschauungsraum und das Rechnen im zugeordneten arithmetischen Vektorraum erfolgen.

1 Der Vektorbegriff aus der Mittelstufe

1.1 Definition von Vektoren

Aus der **Physik** kennt man Größen, die nicht nur durch Maßzahl und Einheit, sondern auch durch ihre Richtung bestimmt sind.

Eine Kraft $\vec{F}$ greift an einem Körper an:

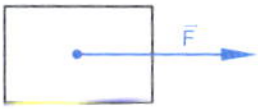

Ein Auto fährt mit der Geschwindigkeit $\vec{v}$:

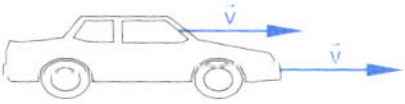

Die Kongruenzabbildung Verschiebung V ist durch die Vorgabe eines Verschiebungspfeils bestimmt:

$V_{\vec{v}}: \quad \Delta ABC \rightarrow \Delta A'B'C'$

$\vec{v} = \overrightarrow{AA'} = \overrightarrow{BB'} = \overrightarrow{CC'}$

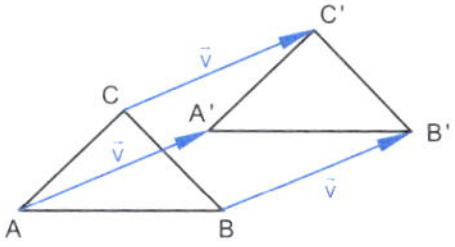

Bei der Kongruenzabbildung Verschiebung wird erstmals der Begriff **Vektor** definiert:

Vektoren und Repräsentanten
Unter einem (Verschiebungs-) **Vektor** verstehen wir die Menge aller gleich langen, gleich gerichteten und parallelen Pfeile (= parallelgleichen Pfeile).
Ein einzelner Pfeil heißt **Repräsentant** dieses Vektors.

Anmerkung: Da es umständlich ist, jedes Mal von einem Repräsentanten eines Vektors zu sprechen, verwendet man auch kurz die Bezeichnung Vektor für einen Repräsentanten.

Beispiel

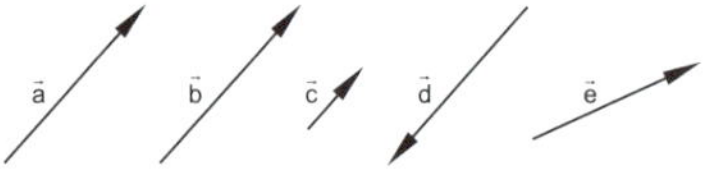

Es gilt:

$\vec{a} = \vec{b}$, weil sie gleiche Repräsentanten besitzen

$\vec{a} \neq \vec{c}$, weil $\vec{a} \parallel \vec{c}$, aber $|\vec{a}| \neq |\vec{c}|$

$\vec{d} = -\vec{a}$, weil $\vec{a} \parallel \vec{d}$, $|\vec{a}| = |\vec{d}|$, aber genau umgekehrte Richtung

Gegenvektor
Der Vektor $-\vec{a}$ heißt **Gegenvektor** zum Vektor $\vec{a}$.

1.2 Addition von Vektoren

Die Addition zweier Vektoren $\vec{a}$ und $\vec{b}$ wird geometrisch im Anschauungsraum definiert:

Summenvektor
Man setzt den Anfangspunkt des einen Vektors an die Spitze des anderen. Der **Summenvektor $\vec{a} + \vec{b}$** zeigt dann vom Anfangspunkt des ersten Pfeils zum Endpunkt des zweiten Pfeils.

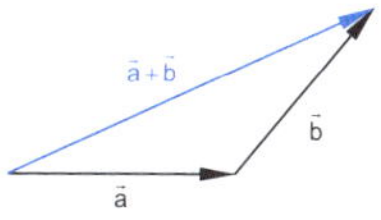

Sonderfall:
Addiert man zu einem Vektor $\vec{a}$ seinen Gegenvektor $-\vec{a}$, so ist das Ergebnis der **Nullvektor $\vec{0}$**. Der Nullvektor $\vec{0}$ hat keine Länge und keine Richtung. Für die **Addition in der Menge V aller Vektoren** des Anschauungsraums gilt:

(1) Addiert man zwei Vektoren $\vec{a}$ und $\vec{b}$ aus V, so ergibt sich wieder ein Vektor aus V.

$\vec{a} + \vec{b} = \vec{c} \wedge \vec{c} \in V$

V ist bezüglich der Verknüpfung „+" **abgeschlossen**.

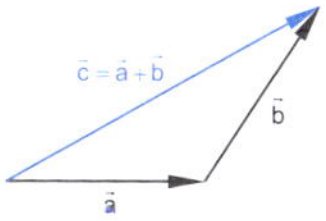

(2) In V gilt das **Assoziativgesetz:**
$(\vec{a} + \vec{b}) + \vec{c} = \vec{a} + (\vec{b} + \vec{c}) = \vec{a} + \vec{b} + \vec{c}$

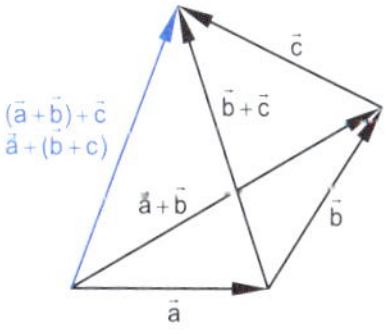

(3) In V gibt es ein **neutrales** Element, den Nullvektor:
Es gilt: $\vec{a} + \vec{0} = \vec{a}$

(4) In V gibt es zu jedem Vektor $\vec{a}$ das **inverse Element** $-\vec{a}$:
Es gilt: $\vec{a} + (-\vec{a}) = \vec{0}$

(5) In V gilt das **Kommutativgesetz**:
$\vec{a} + \vec{b} = \vec{b} + \vec{a}$

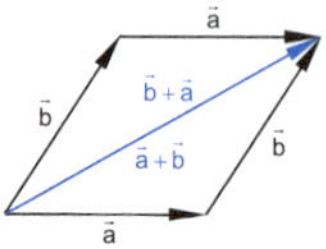

Beispiel 1. **Vektorkette** (= Summe mehrerer Vektoren):

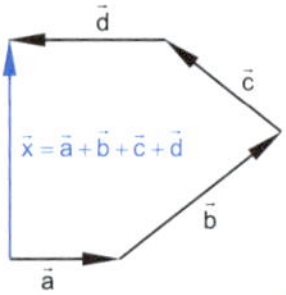

Geschlossene Vektorkette

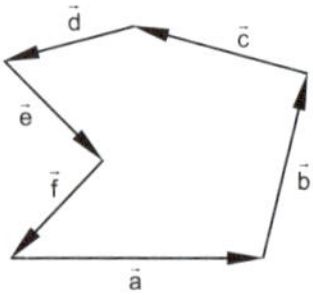

Es gilt: $\vec{a} + \vec{b} + \vec{c} + \vec{d} + \vec{e} + \vec{f} = \vec{0}$

Eine Vektorkette mit dem Nullvektor als Summenvektor heißt **geschlossene Vektorkette**.

2. **Subtraktion von zwei Vektoren:**
Es zeigt sich, dass die Subtraktion nicht als eigene Verknüpfung betrachtet werden muss. Ein Vektor wird subtrahiert, indem man den Gegenvektor addiert.
Es gilt: $\vec{a} - \vec{b} = \vec{a} + (-\vec{b})$

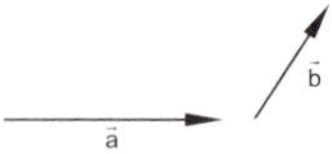

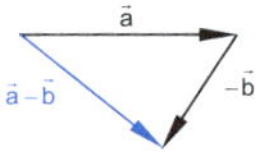

3. **Parallelflach** oder **Spat** („schiefer" Quader)

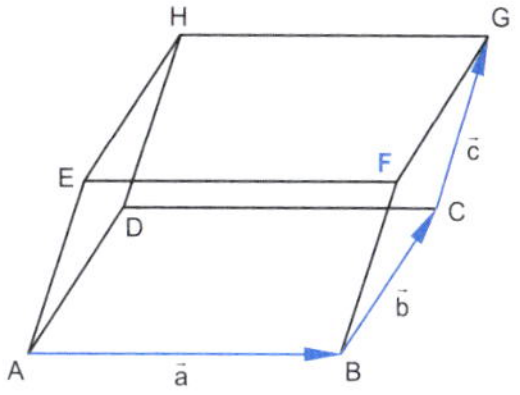

Weitere Repräsentanten von $\vec{a}, \vec{b}, \vec{c}$ sind:

$\vec{a} = \overrightarrow{DC} = \overrightarrow{EF} = \overrightarrow{HG}$

$\vec{b} = \overrightarrow{AD} = \overrightarrow{EH} = \overrightarrow{FG}$

$\vec{c} = \overrightarrow{BF} = \overrightarrow{AE} = \overrightarrow{DH}$

Alle Vektoren des Spats lassen sich durch $\vec{a}, \vec{b}, \vec{c}$ ausdrücken, z. B. gilt:

$\overrightarrow{AC} = \vec{a} + \vec{b}$; $\quad \overrightarrow{AG} = \vec{a} + \vec{b} + \vec{c}$;

$\overrightarrow{BD} = -\vec{a} + \vec{b}$; $\quad \overrightarrow{BE} = -\vec{a} + \vec{c}$;

$\overrightarrow{AH} = \vec{b} + \vec{c}$; $\quad \overrightarrow{BH} = -\vec{a} + \vec{b} + \vec{c}$;

$\overrightarrow{CE} = -\vec{a} - \vec{b} + \vec{c}$; $\quad \overrightarrow{FD} = -\vec{a} + \vec{b} - \vec{c}$

4. **Pyramiden**

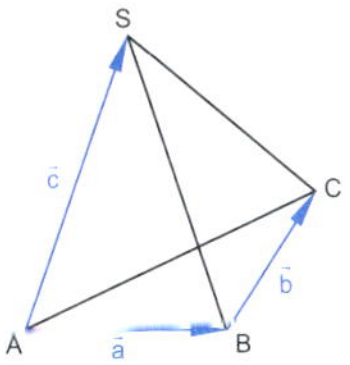

Es sei: $\overrightarrow{AB} = \vec{a}$

$\overrightarrow{BC} = \vec{b}$

$\overrightarrow{AS} = \vec{c}$

Bestimme $\overrightarrow{AC}$, $\overrightarrow{BS}$ und $\overrightarrow{CS}$ in Abhängigkeit von $\vec{a}, \vec{b}, \vec{c}$.

Losung:

$\overrightarrow{AC} = \vec{a} + \vec{b}$

$\overrightarrow{BS} = -\vec{a} + \vec{c}$

$\overrightarrow{CS} = -\vec{b} - \vec{a} + \vec{c}$

1.3 S-Multiplikation

Für die Summe $\vec{a}+\vec{a}+\vec{a}+\vec{a}$ von vier gleichen Vektoren schreibt man in Anlehnung an die Zahlenmultiplikation $4 \cdot \vec{a} = 4\vec{a}$. Der Vektor $4\vec{a}$ besitzt die gleiche Richtung, aber die vierfache Länge des Vektors $\vec{a}$.

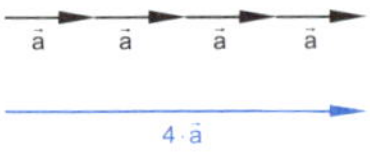

Aufgrund dieser Überlegungen legt man allgemein fest:

S-Multiplikation
Für alle Vektoren $\vec{a} \in V$ und alle Zahlen $k \in \mathbb{R}$ existiert genau ein Vektor **$k \cdot \vec{a}$** mit folgenden Eigenschaften:

- $k \cdot \vec{a}$ hat die $|k|$-fache Länge des Vektors $\vec{a}$.
- Für $k > 0$: $\vec{a}$ und $k \cdot \vec{a}$ haben die gleiche Richtung.
  Für $k = 0$: $k \cdot \vec{a} = \vec{0}$.
  Für $k < 0$: $\vec{a}$ und $k \cdot \vec{a}$ haben die entgegengesetzte Richtung.

Da bei dieser Verknüpfung „·" Zahlen (Skalare) mit Vektoren verknüpft werden, heißt diese Rechenart auch **S-Multiplikation** (skalare Multiplikation). Die S-Multiplikation trat in der Mittelstufe bei der zentrischen Streckung auf.

Anmerkung:
Die Vektoren $\vec{a}$ und $k \cdot \vec{a}$ sind **parallel** oder **kollinear**.

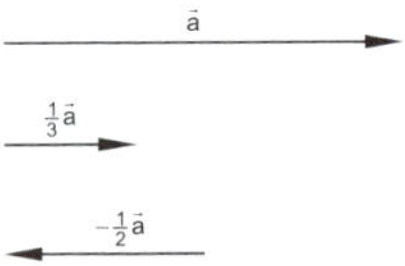

Für die S-Multiplikation gelten die folgenden Gesetze:

(1) **Gemischtes Assoziativgesetz:**
$k_1 \cdot (k_2 \cdot \vec{a}) = (k_1 \cdot k_2) \cdot \vec{a}; \quad k_1, k_2 \in \mathbb{R}, \ \vec{a} \in V$

(2) **S-Distributivgesetz:**
$(k_1 + k_2) \cdot \vec{a} = k_1 \cdot \vec{a} + k_2 \cdot \vec{a}; \quad k_1, k_2 \in \mathbb{R}, \ \vec{a} \in V$

(3) **V-Distributivgesetz:**
$k \cdot (\vec{a} + \vec{b}) = k \cdot \vec{a} + k \cdot \vec{b};$
$k \in \mathbb{R}, \ \vec{a}, \vec{b} \in V$

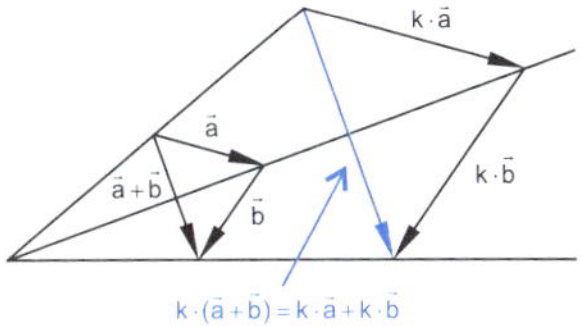

(4) **Unitäres Gesetz:**
$1 \cdot \vec{a} = \vec{a}; \quad \vec{a} \in V$

Folgerungen:
(1) $k \cdot \vec{0} = \vec{0}$
(2) $0 \cdot \vec{a} = \vec{0}$
(3) $k \cdot \vec{a} = \vec{0} \ \Rightarrow \ k = 0 \ \vee \ \vec{a} = \vec{0}$
(4) $k \cdot (-\vec{a}) = (-k) \cdot \vec{a} = -(k \cdot \vec{a}) = -k \cdot \vec{a}$

1. Mit Vektoren kann man aufgrund der Rechengesetze für Addition und S-Multiplikation rechnen wie in der Zahlenalgebra. **Beispiel**

$$4\vec{a} - 6\vec{b} + 2\vec{x} - \tfrac{1}{2}(4\vec{a} - 2\vec{b}) = \vec{0}$$
$$4\vec{a} - 6\vec{b} + 2\vec{x} - 2\vec{a} + \vec{b} = \vec{0}$$
$$2\vec{x} = -2\vec{a} + 5\vec{b} \qquad |:2$$
$$\vec{x} = -\vec{a} + 2{,}5\vec{b}$$

2.

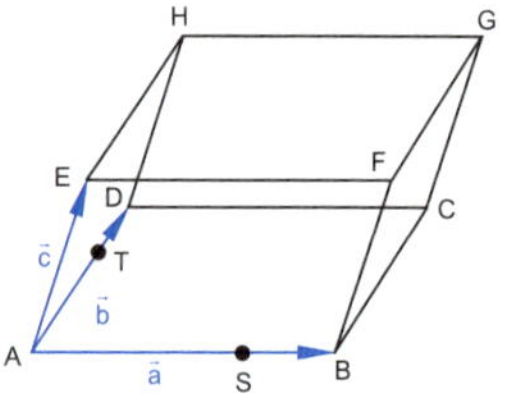

Es gilt:

$\overrightarrow{AB} = \vec{a}$

$\overrightarrow{AD} = \vec{b}$

$\overrightarrow{AE} = \vec{c}$

$\overrightarrow{AS} = \frac{2}{3}\vec{a}$

$\overrightarrow{AT} = \frac{3}{4}\vec{b}$

Für die folgenden Vektoren gilt in Abhängigkeit von $\vec{a}, \vec{b}, \vec{c}$:

$\overrightarrow{SG} = \frac{1}{3}\vec{a} + \vec{b} + \vec{c}$

$\overrightarrow{TF} = -\frac{3}{4}\vec{b} + \vec{a} + \vec{c}$

$\overrightarrow{ST} = -\frac{2}{3}\vec{a} + \frac{3}{4}\vec{b}$

$\overrightarrow{SH} = -\frac{2}{3}\vec{a} + \vec{b} + \vec{c}$

2 Verallgemeinerung des Vektorbegriffs, Vektorräume

Die anschauliche Darstellung von Vektoren als Verschiebungspfeile wird nun durch eine abstrakte Definition ersetzt.

2.1 Algebraische Strukturen

Die im Folgenden angegebenen und jeweils an einem Beispiel erläuterten Begriffe liefern nur die Grundlage für weitere Definitionen, sind aber nicht selbst Gegenstand von Betrachtungen. Mengen, Verknüpfungen und Abbildungen sind Grundlagen algebraischer Strukturen. Es gilt:

Abbildung
Eine Relation R zwischen zwei Mengen M und M' heißt eine **Abbildung von M in M'**, wenn es zu jedem $x \in M$ genau ein $x' \in M'$ gibt mit $(x; x') \in R$.

Beispiel

Für $M = M' = \mathbb{R}$ liegen reelle Funktionen vor und man schreibt: $f: \mathbb{R} \to \mathbb{R}$ bzw. $x' = f(x)$.

Kartesisches Produkt
Unter dem **kartesischen Produkt $A \times B$** zweier Mengen A und B versteht man die Menge aller Paare $(a; b)$ mit $a \in A \wedge b \in B$.

Beispiel

$A = \{1, 2, 3\}$
$B = \{2, 4, 6\}$
$A \times B = \{(1; 2), (1; 4), (1; 6), (2; 2), (2; 4), (2; 6), (3; 2), (3; 4), (3; 6)\}$

Anmerkungen:
Falls A und B endliche Mengen sind, gilt: $|A \times B| = |A| \cdot |B|$

Für $A = B = M$ schreibt man:
$M \times M = M^2$, z. B. stellt $\mathbb{R} \times \mathbb{R} = \mathbb{R}^2$ die reelle Zahlenebene dar. Jedes Paar (a; b) kann als ein Punkt im Koordinatensystem dargestellt werden.

Innere Verknüpfung
Jede Abbildung α:
$M^2 \rightarrow M$ heißt **innere Verknüpfung** auf M.
Man schreibt: $\alpha(a; b) = c$ mit $a, b, c \in M$.

Beispiel 1. $M = \mathbb{R}$: $\alpha_1(a; b) = a + b = c \in \mathbb{R}$
Die Addition in $\mathbb{R}$ ist eine innere Verknüpfung.

2. $M = \mathbb{N}$: $\alpha_2(n; m) = n \cdot m = p \in \mathbb{N}$
Die Multiplikation in $\mathbb{N}$ ist eine innere Verknüpfung.

Äußere Verknüpfung
Jede Abbildung α: $N \times M \rightarrow M$ $(N \neq M)$ heißt eine **äußere Verknüpfung** von M mit N.
Man schreibt: $\alpha(n; a) = c$ mit $n \in N \wedge a, c \in M$.

Beispiel $N = \mathbb{R}$; $M = V$ (Menge aller Vektoren des Anschauungsraums)
$\alpha(k; \vec{a}) = k \cdot \vec{a} \in V$
Die S-Multiplikation ist eine äußere Verknüpfung.

Algebraische Struktur
Mengen zusammen mit Verknüpfungen heißen **algebraische Strukturen**.

Mit diesen Grundlagen können zwei der wichtigsten algebraischen Strukturen, nämlich Gruppe und Körper, definiert werden.

Gruppe

Eine nichtleere Menge G mit einer inneren Verknüpfung „∘“ heißt **Gruppe**, wenn für a, b, $c \in G$ gilt:

G_1: Abgeschlossenheit: $a \circ b = c \;\wedge\; c \in G$

G_2: Assoziativgesetz: $(a \circ b) \circ c = a \circ (b \circ c)$

G_3: Existenz eines neutralen Elements $e \in G$ mit $a \circ e = e \circ a = a$

G_4: Existenz von inversen Elementen: Zu jedem $a \in G$ existiert ein $a' \in G$ mit $a \circ a' = a' \circ a = e$

Falls noch zusätzlich gilt:

G_5: Kommutativgesetz: $a \circ b = b \circ a$

heißt die Gruppe **kommutativ** oder **abelsch**.

Die folgenden Zahlenmengen mit den Verknüpfungen „+“ bzw. „·“ sind kommutative Gruppen: **Beispiel**

$(\mathbb{Z}; +)$; $(\mathbb{Q}; +)$; $(\mathbb{R}; +)$; $(\mathbb{Q}\backslash\{0\}; \cdot)$; $(\mathbb{R}\backslash\{0\}; \cdot)$

Körper

Eine algebraische Struktur $(K; +; \cdot)$ heißt ein **Körper**, wenn folgende Axiome erfüllt sind:

K_1: $(K; +)$ ist eine kommutative Gruppe (Das neutrale Element 0 heißt **Nullelement**)

K_2: $(K\backslash\{0\}; \cdot)$ ist eine kommutative Gruppe. (Das neutrale Element 1 heißt **Einselement**)

K_3: Für alle $a \in K$ gilt: $a \cdot 0 = 0$

K_4: Distributivgesetz: $a \cdot (b + c) = a \cdot b + a \cdot c$, $\quad a, b, c \in K$

Beispiel

1. $(\mathbb{Q}; +; \cdot)$: Körper der rationalen Zahlen
2. $(\mathbb{R}; +; \cdot)$: Körper der reellen Zahlen

2.2 Definition des Vektorraums

Mithilfe der Begriffe „Gruppe" und „Körper" kann die allgemeine Definition eines Vektorraums angegeben werden. Hier legen wir den Körper der reellen Zahlen zugrunde und erhalten so reelle Vektorräume. Tatsächlich kann man aber über jedem beliebigen Körper Vektorräume definieren. Die Verknüpfungen werden wie oben als Addition „+" und Multiplikation „·" geschrieben.

Vektorraum

Eine Menge V, die zusammen mit einer inneren Verknüpfung „+" eine Gruppe bildet, und der Körper $\mathbb{R}$ zusammen mit einer äußeren Verknüpfung „·" heißt ein **reeller Vektorraum**, wenn für alle $k, k_1, k_2 \in \mathbb{R}$ und $\vec{v}_1, \vec{v}_2, \vec{v} \in V$ gelten:

V_1: Assoziativgesetz: $k_1 \cdot (k_2 \cdot \vec{v}) = (k_1 \cdot k_2) \cdot \vec{v}$

V_2: S-Distributivgesetz: $(k_1 + k_2) \cdot \vec{v} = k_1 \cdot \vec{v} + k_2 \cdot \vec{v}$

V_3: V-Distributivgesetz: $k \cdot (\vec{v}_1 + \vec{v}_2) \cdot \vec{v} = k \cdot \vec{v}_1 + k \cdot \vec{v}_2$

V_4: Unitäres Gesetz: $1 \cdot \vec{v} = \vec{v}$

Bezeichnungen:

Elemente aus V: **Vektoren**

+: $V \times V \rightarrow V$: **Vektoraddition**

· : $\mathbb{R} \times V \rightarrow V$: **S-Multiplikation**

$\vec{0}$: neutrales Element bezüglich „+": **Nullvektor**

$-\vec{v}$: inverses Element bezüglich „+": **Gegenvektor**

Beispiel 1. Der **geometrische Vektorraum V** der Verschiebungspfeile im Anschauungsraum ist für uns das geometrische **„Anschauungsmodell"**.

2. Der **arithmetische Vektorraum** $\mathbb{R}^3 = \mathbb{R} \times \mathbb{R} \times \mathbb{R}$ enthält alle Tripel reeller Zahlen.

$\vec{v} = \begin{pmatrix} v_1 \\ v_2 \\ v_3 \end{pmatrix}, \vec{w} = \begin{pmatrix} w_1 \\ w_2 \\ w_3 \end{pmatrix}$ mit

$\vec{v} + \vec{w} = \begin{pmatrix} v_1 \\ v_2 \\ v_3 \end{pmatrix} + \begin{pmatrix} w_1 \\ w_2 \\ w_3 \end{pmatrix} = \begin{pmatrix} v_1 + w_1 \\ v_2 + w_2 \\ v_3 + w_3 \end{pmatrix}$ und

$k \cdot \vec{v} = k \cdot \begin{pmatrix} v_1 \\ v_2 \\ v_3 \end{pmatrix} = \begin{pmatrix} k \cdot v_1 \\ k \cdot v_2 \\ k \cdot v_3 \end{pmatrix}$

Er wird für uns das **„Rechenmodell"**.

3. Es gibt auch **endliche Körper**, über denen ein Vektorraum definiert werden kann, z. B. enthält der **Restklassenkörper modulo 2** (Bezeichnung F_2) nur die Elemente 0 und 1, er ist also der „kleinste" Körper. Für die Verknüpfungen „+" und „·" der Elemente kann man die Verknüpfungstafeln angeben:

+	0	1
0	0	1
1	1	0

·	0	1
0	0	0
1	0	1

Der Vektorraum $V = F_2^2$ enthält folglich die vier Vektoren

$\vec{v}_1 = \begin{pmatrix} 0 \\ 0 \end{pmatrix}, \vec{v}_2 = \begin{pmatrix} 1 \\ 0 \end{pmatrix}, \vec{v}_3 = \begin{pmatrix} 0 \\ 1 \end{pmatrix}, \vec{v}_4 = \begin{pmatrix} 1 \\ 1 \end{pmatrix}.$

Die **Verknüpfungstafel** bezüglich der Vektoraddition „+" sieht folgendermaßen aus:

+	$\vec{v}_1$	$\vec{v}_2$	$\vec{v}_3$	$\vec{v}_4$
$\vec{v}_1$	$\vec{v}_1$	$\vec{v}_2$	$\vec{v}_3$	$\vec{v}_4$
$\vec{v}_2$	$\vec{v}_2$	$\vec{v}_1$	$\vec{v}_4$	$\vec{v}_3$
$\vec{v}_3$	$\vec{v}_3$	$\vec{v}_4$	$\vec{v}_1$	$\vec{v}_2$
$\vec{v}_4$	$\vec{v}_4$	$\vec{v}_3$	$\vec{v}_2$	$\vec{v}_1$

Schon die Vektoren $\vec{v}_1, \vec{v}_2$ allein erfüllen alle Bedingungen eines Vektorraums. Man definiert:

Untervektorraum
V sei ein Vektorraum und $U \subseteq V$.
Ist U bezüglich der Verknüpfung „+“ und „·“ selbst ein Vektorraum, so heißt U ein **Untervektorraum** von V.

Anmerkung: U muss stets das neutrale Element bezüglich der Verknüpfung „+“ enthalten. Deshalb ist V\U kein Untervektorraum.

2.3 Lineare Abhängigkeit und Unabhängigkeit von Vektoren, Basis und Dimension eines Vektorraums

Muss man alle Vektoren eines Vektorraums kennen oder genügen bereits endlich viele, um alle anderen Vektoren darstellen zu können? Um dieser Frage nachzugehen führen wir einige grundlegende Begriffe ein.
Zuerst betrachten wir folgendes Beipiel:
$\vec{x} = 3{,}5\vec{v}_1 + 2\vec{v}_2$,
d. h. $\vec{x}$ lässt sich durch $\vec{v}_1$ und $\vec{v}_2$ ausdrücken. Man definiert:

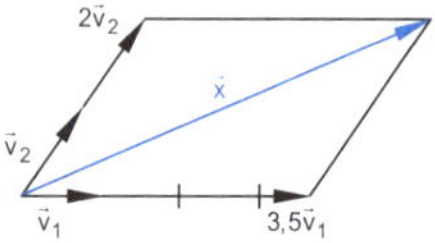

Linearkombination
V sei ein reeller Vektorraum, $\vec{v}_1, \vec{v}_2, \ldots, \vec{v}_n \in V$ und $k_1, k_2, \ldots, k_n \in \mathbb{R}$.

Der Vektor $\mathbf{k_1\vec{v}_1 + k_2\vec{v}_2 + \ldots + k_n\vec{v}_n = \sum_{i=1}^{n} k_i \cdot \vec{v}_i}$ **heißt** **Linearkombination** der Vektoren $\vec{v}_1, \vec{v}_2, \ldots, \vec{v}_n$.

Beispiel

1. Wie man an der obigen Skizze sieht, kann man jeden Vektor, der mit $\vec{v}_1$ und $\vec{v}_2$ in einer Ebene liegt, als Linearkombination der beiden Vektoren $\vec{v}_1$ und $\vec{v}_2$ darstellen.

2. 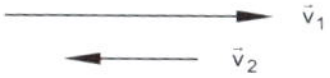

$$\vec{v}_1 = -2 \cdot \vec{v}_2$$ ($\vec{v}_1$ und $\vec{v}_2$ sind parallel zueinander)

$$\vec{v}_1 + 2 \cdot \vec{v}_2 = \vec{0}$$

Der Nullvektor lässt sich als Linearkombination $1 \cdot \vec{v}_1 + 2 \cdot \vec{v}_2 = \vec{0}$ darstellen, d. h. in der Form

$k_1 \cdot \vec{v}_1 + k_2 \cdot \vec{v}_2 = \vec{0}$, wobei $k_1 \neq 0$ und $k_2 \neq 0$ gilt.

Wir verallgemeinern die Überlegungen aus dem Beispiel:

Lineare Abhängigkeit, lineare Unabhängigkeit

V sei ein reeller Vektorraum. Die Vektoren $\vec{v}_1, \vec{v}_2, \ldots, \vec{v}_n$ heißen **linear abhängig**, wenn es Zahlen $k_1, k_2, \ldots, k_n \in \mathbb{R}$ mit

$$\mathbf{k_1 \cdot \vec{v}_1 + k_2 \cdot \vec{v}_2 + \ldots + k_n \cdot \vec{v}_n = \vec{0}}$$

gibt, wobei nicht alle k_i $(i = 1, \ldots, n)$ gleichzeitig Null sind.

Die n Vektoren $\vec{v}_1, \vec{v}_2, \ldots, \vec{v}_n$ sind genau dann linear abhängig, wenn sich mindestens einer der n Vektoren als Linearkombination der restlichen $n - 1$ Vektoren ausdrücken lässt.

Vektoren, die nicht linear abhängig sind, heißen **linear unabhängig**.

Das ist genau dann der Fall, wenn obige Gleichung nur für $k_1 = k_2 = \ldots = k_n = 0$ gilt. Wenn n die Maximalzahl linear unabhängiger Vektoren in einem Vektorraum ist, dann heißt n die **Dimension** des Vektorraums.

Beispiel

1. Zwei Vektoren $\vec{a}$ und $\vec{b}$ sind genau dann linear abhängig, wenn $k \cdot \vec{a} + m \cdot \vec{b} = \vec{0}$ mit $k \neq 0 \vee m \neq 0$, d. h. $\vec{a} = r \cdot \vec{b}$ bzw. $\vec{b} = r' \cdot \vec{a}$ gilt, d. h. die Vektoren $\vec{a}$ und $\vec{b}$ sind **parallel** oder **kollinear**.

2. Drei Vektoren $\vec{a}, \vec{b}, \vec{c}$ sind genau dann linear abhängig, wenn $k \cdot \vec{a} + \ell \cdot \vec{b} + m \cdot \vec{c} = \vec{0}$ mit $k \neq 0 \vee \ell \neq 0 \vee m \neq 0$ gilt. Von den drei Vektoren sind mindestens zwei parallel oder sie liegen in einer Ebene (sind **komplanar**).
   Drei Vektoren $\vec{a}, \vec{b}, \vec{c}$ sind genau dann linear unabhängig, wenn $k \cdot \vec{a} + \ell \cdot \vec{b} + m \cdot \vec{c} = \vec{0}$ nur für $k = \ell = m = 0$ gilt.

3. $V = \mathbb{R}^3$ = arithmetischer Vektorraum der Dimension 3.
   Die Vektoren
   $\vec{e}_1 = \begin{pmatrix} 1 \\ 0 \\ 0 \end{pmatrix}, \vec{e}_2 = \begin{pmatrix} 0 \\ 1 \\ 0 \end{pmatrix}, \vec{e}_3 = \begin{pmatrix} 0 \\ 0 \\ 1 \end{pmatrix}$ sind linear unabhängig, weil
   $k \cdot \vec{e}_1 + \ell \cdot \vec{e}_2 + m \cdot \vec{e}_3 = \vec{0}$ nur für $k = \ell = m = 0$ gilt.
   Jeder andere Vektor $\vec{x} = \begin{pmatrix} x_1 \\ x_2 \\ x_3 \end{pmatrix} \in \mathbb{R}$ kann durch $\vec{e}_1, \vec{e}_2, \vec{e}_3$ ausgedrückt werden. Es gilt:
   $$\vec{x} = \begin{pmatrix} x_1 \\ x_2 \\ x_3 \end{pmatrix} = x_1 \cdot \begin{pmatrix} 1 \\ 0 \\ 0 \end{pmatrix} + x_2 \cdot \begin{pmatrix} 0 \\ 1 \\ 0 \end{pmatrix} + x_3 \cdot \begin{pmatrix} 0 \\ 0 \\ 1 \end{pmatrix}$$
   $$= x_1 \cdot \vec{e}_1 + x_2 \cdot \vec{e}_2 + x_3 \cdot \vec{e}_3$$
   Durch $\vec{e}_1, \vec{e}_2, \vec{e}_3$ lässt sich der gesamte Raum $\mathbb{R}^3$ darstellen.

Mithilfe des Begriffs der linearen Unabhängigkeit von Vektoren definiert man:

Basis eines Vektorraums

V sei ein reeller n-dimensionaler Vektorraum. Eine Teilmenge $B = \{\vec{b}_1, \vec{b}_2, \ldots, \vec{b}_n\} \subseteq V$ aus n Vektoren heißt **Basis** des Vektorraums V, wenn die Vektoren $\vec{b}_1, \vec{b}_2, \ldots, \vec{b}_n$ eine maximale Teilmenge linear unabhängiger Vektoren sind.

Folgerungen:

(1) Gilt für die Dimension des Vektorraums V $\dim(V) = n$, dann ist jede Menge aus n linear unabhängigen Vektoren eine Basis von V.
Jede Menge aus $n + 1$ Vektoren ist stets linear abhängig, z. B. sind im dreidimensionalen Anschauungsraum stets vier Vektoren bereits linear abhängig.

(2) Jeder Vektor $\vec{x}$ ist eindeutig durch die Basisvektoren darstellbar.

$$\vec{x} = x_1 \cdot \vec{b}_1 + x_2 \cdot \vec{b}_2 + \ldots + x_n \cdot \vec{b}_n$$

Die Zahlen $x_1, x_2, \ldots, x_n$ heißen **Koordinaten** des Vektors $\vec{x}$, die Vektoren $x_1 \cdot \vec{b}_1, \ldots, x_n \cdot \vec{b}_n$ **Komponenten** bezüglich der Basis B.

(3) Addition und S-Multiplikation erfolgen **koordinatenweise**.
Es gilt:

$$\vec{x} = \sum_{i=1}^{n} x_i \cdot \vec{b}_i, \quad \vec{y} = \sum_{i=1}^{n} y_i \cdot \vec{b}_i$$

$$\vec{x} + \vec{y} = \sum_{i=1}^{n} x_i \cdot \vec{b}_i + \sum_{i=1}^{n} y_i \cdot \vec{b}_i = \sum_{i=1}^{n} (x_i + y_i) \cdot \vec{b}_i$$

$$k \cdot \vec{x} = k \cdot \sum_{i-1}^{n} x_i \cdot \vec{b}_i = \sum_{i=1}^{n} (k \cdot x_i) \cdot \vec{b}_i$$

(4) Für $V = \mathbb{R}^3$ bilden die Vektoren

$$\vec{e}_1 = \begin{pmatrix} 1 \\ 0 \\ 0 \end{pmatrix}, \vec{e}_2 = \begin{pmatrix} 0 \\ 1 \\ 0 \end{pmatrix}, \vec{e}_3 = \begin{pmatrix} 0 \\ 0 \\ 1 \end{pmatrix}$$

eine Basis, die **Standardbasis** oder **kanonische Basis**.

(5) Es zeigt sich, dass jeder n-dimensionale reelle Vektorraum eindeutig dem arithmetischen Vektorraum $\mathbb{R}^n$ zugeordnet werden kann.

Beispiel 1. $V = \mathbb{R}^3$: Die Vektoren $\vec{a} = \begin{pmatrix} 1 \\ 3 \\ 3 \end{pmatrix}$ und $\vec{b} = \begin{pmatrix} -2 \\ 6 \\ -5 \end{pmatrix}$ seien bezüglich der Standardbasis $B = \{\vec{e}_1, \vec{e}_2, \vec{e}_3\}$ gegeben. Es gilt dann:

$$\vec{a} + \vec{b} = \begin{pmatrix} 1 \\ 3 \\ 3 \end{pmatrix} + \begin{pmatrix} -2 \\ 6 \\ -5 \end{pmatrix} = \begin{pmatrix} 1-2 \\ 3+6 \\ 3-5 \end{pmatrix} = \begin{pmatrix} -1 \\ 9 \\ -2 \end{pmatrix}$$

$$3 \cdot \vec{a} = 3 \cdot \begin{pmatrix} 1 \\ 3 \\ 3 \end{pmatrix} = \begin{pmatrix} 3 \cdot 1 \\ 3 \cdot 3 \\ 3 \cdot 3 \end{pmatrix} = \begin{pmatrix} 3 \\ 9 \\ 9 \end{pmatrix}$$

2. $B = \left\{ \begin{pmatrix} 1 \\ 1 \\ 2 \end{pmatrix}; \begin{pmatrix} 0 \\ 1 \\ 1 \end{pmatrix}; \begin{pmatrix} 2 \\ 0 \\ -1 \end{pmatrix} \right\} = \{\vec{b}_1, \vec{b}_2, \vec{b}_3\}$ ist eine Basis des $\mathbb{R}^3$, wobei $\vec{b}_1, \vec{b}_2, \vec{b}_3$ bezüglich der Standardbasis gegeben sind.

a) Bestimme die Koordinaten des Vektors $\vec{x} = \begin{pmatrix} 9 \\ -1 \\ -4 \end{pmatrix}$ bezüglich der Basis B.

Lösung:
Es muss gelten:

$$\vec{x} = \begin{pmatrix} 9 \\ -1 \\ -4 \end{pmatrix} = x_1 \cdot \begin{pmatrix} 1 \\ 1 \\ 2 \end{pmatrix} + x_2 \cdot \begin{pmatrix} 0 \\ 1 \\ 1 \end{pmatrix} + x_3 \cdot \begin{pmatrix} 2 \\ 0 \\ -1 \end{pmatrix}$$

$$\begin{array}{ll} (1) & x_1 + 2x_3 = 9 \\ (2) & x_1 + x_2 = -1 \\ (3) & 2x_1 + x_2 - x_3 = -4 \end{array}$$

aus (1): $x_3 = -\frac{1}{2}x_1 + \frac{9}{2}$

aus (2): $x_2 = -x_1 - 1$

in (3): $2x_1 - x_1 - 1 + \frac{1}{2}x_1 - \frac{9}{2} = -4$

$$\frac{3}{2}x_1 = \frac{3}{2}$$

$$\Rightarrow \quad x_1 = 1$$

$$x_3 = -\frac{1}{2} + \frac{9}{2} = 4$$

$$x_2 = -1 - 1 = -2$$

$\Rightarrow \quad \vec{x} = \begin{pmatrix} 1 \\ -2 \\ 4 \end{pmatrix}_B$:

Darstellung des Vektors $\vec{x}$ bezüglich der Basis B.

b) Der Vektor $\vec{y}$ hat bezüglich der Basis B die Darstellung

$$\vec{y} = \begin{pmatrix} 3 \\ 1 \\ 1 \end{pmatrix}_B$$

Bestimme seine Koordinaten bezüglich der Standardbasis.

Lösung:
Es muss gelten:

$$\vec{y} = \begin{pmatrix} 3 \\ 1 \\ 1 \end{pmatrix}_B = 3 \cdot \vec{b}_1 + \vec{b}_2 + \vec{b}_3 = 3 \cdot \begin{pmatrix} 1 \\ 1 \\ 2 \end{pmatrix} + \begin{pmatrix} 0 \\ 1 \\ 1 \end{pmatrix} + \begin{pmatrix} 2 \\ 0 \\ -1 \end{pmatrix} =$$

$$= \begin{pmatrix} 3+0+2 \\ 3+1+0 \\ 6+1-1 \end{pmatrix} = \begin{pmatrix} 5 \\ 4 \\ 6 \end{pmatrix}$$

c) **Lineare Unabhängigkeit als Beweisprinzip**
Bestimme das Verhältnis, in dem der Schwerpunkt S eines Dreiecks ABC die Schwerlinien teilt.

Lösung:
Der Schwerpunkt S ist der Schnittpunkt der Schwerlinien. Diese verlaufen von einer Ecke zur gegenüberliegenden Seitenmitte.

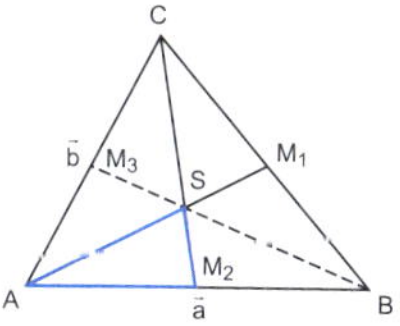

Es gilt: $\vec{a} = \overrightarrow{AB}$, $\vec{b} = \overrightarrow{AC}$

Darum erhält man: $\overrightarrow{BC} = -\vec{a} + \vec{b}$

$$\begin{aligned} \overrightarrow{AM_1} &= \overrightarrow{AB} + \overrightarrow{BM_1} \\ &= \overrightarrow{AB} + \tfrac{1}{2} \cdot \overrightarrow{BC} \\ &= \vec{a} + \tfrac{1}{2}(-\vec{a} + \vec{b}) \\ &= \tfrac{1}{2}\vec{a} + \tfrac{1}{2}\vec{b} \end{aligned}$$

$$\begin{aligned} \overrightarrow{CM_2} &= \overrightarrow{CA} + \overrightarrow{AM_2} \\ &= \overrightarrow{CA} + \tfrac{1}{2} \cdot \overrightarrow{AB} \\ &= -\vec{b} + \tfrac{1}{2}\vec{a} \end{aligned}$$

$\overrightarrow{AS}$ lässt sich durch $\overrightarrow{AM_1}$, $\overrightarrow{SM_2}$ und $\overrightarrow{CM_2}$ ausdrücken:

$\overrightarrow{AS} = k \cdot \overrightarrow{AM_1}$; $\overrightarrow{SM_2} = \ell \cdot \overrightarrow{CM_2}$

Geschlossene Vektorkette:

$$\overrightarrow{AS} + \overrightarrow{SM_2} + \overrightarrow{M_2A} = \vec{0}$$

$$k \cdot \left(\tfrac{1}{2}\vec{a} + \tfrac{1}{2}\vec{b}\right) + \ell \cdot \left(-\vec{b} + \tfrac{1}{2}\vec{a}\right) - \tfrac{1}{2}\vec{a} = \vec{0}$$

$$\tfrac{1}{2}k\vec{a} + k\vec{b} - \ell\vec{b} + \tfrac{1}{2}\ell\vec{a} - \tfrac{1}{2}\vec{a} = \vec{0}$$

$$\left(\tfrac{1}{2}k + \tfrac{1}{2}\ell - \tfrac{1}{2}\right) \cdot \vec{a} + \left(\tfrac{1}{2}k - \ell\right) \cdot \vec{b} = \vec{0}$$

Da die Vektoren $\vec{a}$ und $\vec{b}$ linear unabhängig sind (siehe Skizze) folgt:

$$(1)\ \tfrac{1}{2}k + \tfrac{1}{2}\ell - \tfrac{1}{2} = 0$$

$$(2)\ \tfrac{1}{2}k - \ell = 0$$

aus (2): $\ell = \tfrac{1}{2}k$

in (1): $\tfrac{1}{2}k + \tfrac{1}{4}k - \tfrac{1}{2} = 0$

$$\tfrac{3}{4}k = \tfrac{1}{2} \Rightarrow k = \tfrac{2}{3};\ \ell = \tfrac{1}{3}$$

$$\Rightarrow \overrightarrow{AS} = \tfrac{2}{3}\overrightarrow{AM_1} \wedge \overrightarrow{SM_1} = \tfrac{1}{3}\overrightarrow{AM_1}$$

$$\Rightarrow \overline{AS} : \overline{SM_1} = \tfrac{2}{3} : \tfrac{1}{3} = 2:1$$

Satz vom Schwerpunkt eines Dreiecks

Der Schwerpunkt eines Dreiecks teilt die Schwerlinien im Verhältnis 2 : 1, wobei die längere Strecke zur Ecke hin zeigt.

3 Systeme linearer Gleichungen

Beim Nachprüfen der linearen Abhängigkeit bzw. linearen Unabhängigkeit sowie bei der Koordinatenbestimmung bezüglich einer Basis treten Gleichungssysteme auf. Eine neue Lösungsmöglichkeit sowie die zugrunde liegende geometrische Deutung sind der Inhalt dieses Abschnitts.

3.1 Zwei Gleichungen mit zwei Variablen

In der Mittelstufe wurde ein solches Gleichungssystem aus zwei Gleichungen mit zwei Variablen mit dem Additionsverfahren, mit dem Einsetzungsverfahren oder mit dem Gleichsetzungsverfahren gelöst.
Eine weitere Lösungsmöglichkeit erhält man mit der Determinantenschreibweise. Dazu betrachten wir ein System von zwei linearen Gleichungen mit den Gleichungsvariablen x_1 und x_2, wobei sich jede solche Gleichung im $\mathbb{R}^2$ als eine Geradengleichung deuten lässt:

$$a_{11}x_1 + a_{12}x_2 = b_1$$
$$a_{21}x_1 + a_{22}x_2 = b_2$$

Das System der Koeffizienten a_{ik} schreibt man in der Form

$$A = \begin{pmatrix} a_{11} & a_{12} \\ a_{21} & a_{22} \end{pmatrix}$$

A heißt eine zweireihige, quadratische Matrix.

Verwendet man nach Multiplikation der beiden Gleichungen mit geeigneten Zahlen das Additionsverfahren, so ergibt sich:

$$\begin{array}{ll|l|l} a_{11}x_1 + a_{12}x_2 = b_1 & & \cdot a_{22} & \cdot(-a_{21}) \\ a_{21}x_1 + a_{22}x_2 = b_2 & & \cdot(-a_{12}) & \cdot a_{11} \\ \hline \end{array}$$

$$x_1(a_{11}a_{22} - a_{12}a_{21}) = b_1a_{22} - b_2a_{12}$$
$$x_2(a_{11}a_{22} - a_{12}a_{21}) = b_2a_{11} - b_1a_{21}$$

Man führt die folgende neue Schreibweise ein:

Zweireihige Determinante

Der Ausdruck det $A = |A| = \begin{vmatrix} a_{11} & a_{12} \\ a_{21} & a_{22} \end{vmatrix} = a_{11}a_{22} - a_{12}a_{21}$ heißt **Determinante** der zweireihigen Matrix A.

Mithilfe dieser Definition ergibt sich:

$$x_1 \cdot \begin{vmatrix} a_{11} & a_{12} \\ a_{21} & a_{22} \end{vmatrix} = \begin{vmatrix} b_1 & a_{12} \\ b_2 & a_{22} \end{vmatrix}$$

oder mithilfe der abgekürzten Schreibweise

$$D = \begin{vmatrix} a_{11} & a_{12} \\ a_{21} & a_{22} \end{vmatrix},\ D_1 = \begin{vmatrix} b_1 & a_{12} \\ b_2 & a_{22} \end{vmatrix},\ D_2 = \begin{vmatrix} a_{11} & b_1 \\ a_{21} & b_2 \end{vmatrix}$$

$x_1 \cdot D = D_1$
$x_2 \cdot D = D_2$

Das **inhomogene Gleichungssystem** $(b_1 \neq 0 \ \vee \ b_2 \neq 0)$ hat die folgende Lösungsmenge, wobei jeweils zusätzlich die geometrische Deutung angegeben ist:

(1) Für $D \neq 0$ ergibt sich das Lösungspaar $(x_1; x_2)$ mithilfe der **Cramer'schen Regel**:
$x_1 = \frac{D_1}{D}$; $x_2 = \frac{D_2}{D}$
Die beiden Geraden schneiden sich im Punkt $S(x_1 | x_2)$.

(2) $D = 0$: $D_1 \neq 0 \ \vee \ D_2 \neq 0 \ \Rightarrow \ L = \{\}$
Die beiden Geraden sind echt parallel.

(3) $D = 0$: $D_1 = 0 \ \wedge \ D_2 = 0$
$L = \{(x_1 | x_2) \,|\, a_{11}x_1 + a_{12}x_2 = b_1\}$ bzw.
$L = \{(x_1 | x_2) \,|\, a_{21}x_1 + a_{22}x_2 = b_2\}$
Die beiden Geraden fallen zusammen.

Bestimme jeweils die Lösungsmenge: **Beispiel**

1. $3x_1 + 5x_2 = -7$
   $-2x_1 + 3x_2 = -8$

   Lösung:

   $D = \begin{vmatrix} 3 & 5 \\ -2 & 3 \end{vmatrix} = 9 + 10 = 19;\ D_1 = \begin{vmatrix} -7 & 5 \\ -8 & 3 \end{vmatrix} = -21 + 40 = 19;$

   $D_2 = \begin{vmatrix} 3 & -7 \\ -2 & -8 \end{vmatrix} = -24 - 14 = -38$

   $x_1 = \frac{D_1}{D} = \frac{19}{19} = 1;\ x_2 = \frac{D_2}{D} = \frac{-38}{19} = -2 \quad \Rightarrow \quad L = \{(1\,|\,-2)\}$

2. $3x_1 + 5x_2 = -3$
   $-6x_1 + 10x_2 = 5$

   Lösung:

   $D = \begin{vmatrix} 3 & 5 \\ -6 & -10 \end{vmatrix} = -30 + 30 = 0;$

   $D_1 = \begin{vmatrix} -3 & 5 \\ 5 & -10 \end{vmatrix} = 30 - 25 = 5 \neq 0$

   $\Rightarrow \quad L = \{\,\}$

Ein Gleichungssystem $\begin{aligned} a_{11}x_1 + a_{12}x_2 &= 0 \\ a_{21}x_1 + a_{22}x_2 &= 0 \end{aligned}$

heißt **homogenes Gleichungssystem**. Als Lösung dieses Systems zweier Ursprungsgeraden kommen nur infrage:

(1) $D \neq 0: \quad \Rightarrow \quad L = \{(0\,|\,0)\}$
Die beiden Ursprungsgeraden haben nur den Ursprung als gemeinsamen Punkt.

(2) $D = 0 \ \wedge \ D_1 = D_2 = 0$
$L = \{(x_1\,|\,x_2)\,|\,a_{11}x_1 + a_{12}x_2 = 0\}$ bzw.
$L = \{(x_1\,|\,x_2)\,|\,a_{21}x_1 + a_{22}x_2 = 0\}$
Die beiden Ursprungsgeraden fallen zusammen.

3.2 Drei Gleichungen mit drei Variablen

Ein System von drei linearen Gleichungen mit drei Variablen, von denen sich jede Gleichung als Ebenengleichung im $\mathbb{R}^3$ deuten lässt,

$$a_{11}x_1 + a_{12}x_2 + a_{13}x_3 = b_1$$
$$a_{21}x_1 + a_{22}x_2 + a_{23}x_3 = b_2$$
$$a_{31}x_1 + a_{32}x_2 + a_{33}x_3 = b_3$$

hat eine dreireihige, quadratische Matrix $A = \begin{pmatrix} a_{11} & a_{12} & a_{13} \\ a_{21} & a_{22} & a_{23} \\ a_{31} & a_{32} & a_{33} \end{pmatrix}$ mit der Determinante $\det A = \begin{vmatrix} a_{11} & a_{12} & a_{13} \\ a_{21} & a_{22} & a_{23} \\ a_{31} & a_{32} & a_{33} \end{vmatrix}$. Für die Determinante gilt die Regel von Sarrus:

Regel von Sarrus

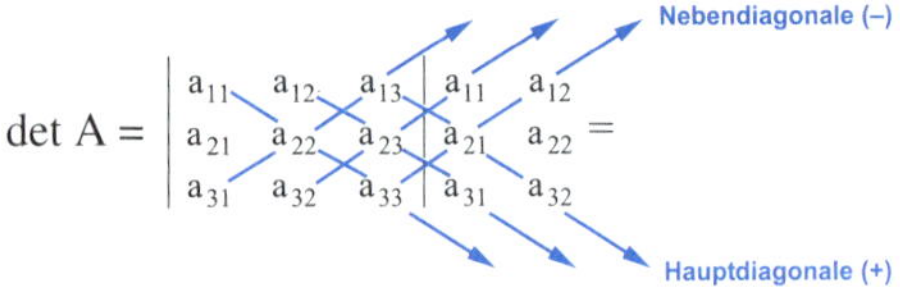

$$= a_{11}a_{22}a_{33} + a_{12}a_{23}a_{31} + a_{13}a_{21}a_{32} - a_{31}a_{23}a_{13} - a_{32}a_{23}a_{11} - a_{33}a_{21}a_{12}$$

Beispiel

$$\left|\begin{array}{rrr|rr} 1 & 5 & 4 & 1 & 5 \\ 2 & -3 & 0 & 2 & -3 \\ -4 & 2 & 1 & -4 & 2 \end{array}\right| = -3 + 0 + 16 - 48 - 0 - 10 = -45$$

Geht man wie bei einem System von zwei linearen Gleichungen mit zwei Variablen vor und setzt man

$$D = \begin{vmatrix} a_{11} & a_{12} & a_{13} \\ a_{21} & a_{22} & a_{23} \\ a_{31} & a_{32} & a_{33} \end{vmatrix}; \quad D_1 = \begin{vmatrix} b_1 & a_{12} & a_{13} \\ b_2 & a_{22} & a_{23} \\ b_3 & a_{32} & a_{33} \end{vmatrix};$$

$$D_2 = \begin{vmatrix} a_{11} & b_1 & a_{13} \\ a_{21} & b_2 & a_{23} \\ a_{31} & b_3 & a_{33} \end{vmatrix}; \quad D_3 = \begin{vmatrix} a_{11} & a_{12} & b_1 \\ a_{21} & a_{22} & b_2 \\ a_{31} & a_{32} & b_3 \end{vmatrix}$$

so erhält man:

$D \cdot x_1 = D_1$

$D \cdot x_2 = D_2$

$D \cdot x_3 = D_3$

Das Gleichungssystem hat die folgenden Lösungen, wobei jeweils auch die geometrische Deutung angegeben ist.

(1) Für $D \neq 0$ löst man das Gleichungssystem mit der **Cramer'schen Regel**:

$$x_1 = \frac{D_1}{D};\ x_2 = \frac{D_2}{D};\ x_3 = \frac{D_3}{D};\quad \Rightarrow\ L = \{(x_1 | x_2 | x_3)\}$$

(2) Für $D = 0$: $D_1 \neq 0\ \vee\ D_2 \neq 0\ \vee\ D_3 \neq 0$ ergibt sich als Lösungsmenge die **leere Menge**. Die Ebenen haben folgende möglichen Lagen zueinander:

(3) Für $D = 0$: $D_1 = 0\ \vee\ D_2 = 0\ \vee\ D_3 = 0$ ergeben sich folgende Möglichkeiten, die an den Lagen der Ebenen veranschaulicht werden:

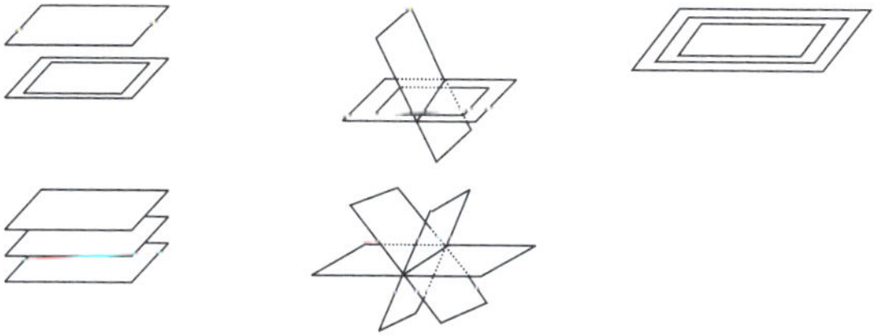

Die Lösungsmenge ist die **leere Menge**.

Die drei Ebenen schneiden sich in einer **Geraden**.

Die drei **Ebenen fallen zusammen**.

Anmerkung: Ein **homogenes** Gleichungssystem von drei Gleichungen mit drei Variablen hat nur dann eine von $(0|0|0)$ verschiedene Lösung, wenn $D = 0$ gilt.

Beispiel Bestimme die Lösungsmenge:

$$\begin{aligned} 2x_1 + x_2 - 3x_3 &= -6 \\ x_1 - 3x_2 + 2x_3 &= 11 \\ -2x_1 \qquad + x_3 &= -1 \end{aligned}$$

Lösung:

$$D = \begin{vmatrix} 2 & 1 & -3 \\ 1 & -3 & 2 \\ -2 & 0 & 1 \end{vmatrix} = 7; \quad D_1 = \begin{vmatrix} -6 & 1 & -3 \\ 11 & -3 & 2 \\ -1 & 0 & 1 \end{vmatrix} = 14;$$

$$D_2 = \begin{vmatrix} 2 & -6 & -3 \\ 1 & -3 & 2 \\ -2 & 0 & 1 \end{vmatrix} = 14; \quad D_3 = \begin{vmatrix} 2 & 1 & -6 \\ 1 & -3 & 11 \\ -2 & 0 & -1 \end{vmatrix} = 21$$

$$x_1 = \frac{D_1}{D} = 2; \; x_2 = \frac{D_2}{D} = -1; \; x_3 = \frac{D_3}{D} = 3; \; \Rightarrow \; L = \{(2|-1|3)\}$$

3.3 Vektorraum und Gleichungssysteme

Als Anwendungen der Gleichungssysteme erhält man:

Lineare Abhängigkeit und Unabhängigkeit

Die Vektoren $\vec{a} = \begin{pmatrix} a_1 \\ a_2 \\ a_3 \end{pmatrix}, \vec{b} = \begin{pmatrix} b_1 \\ b_2 \\ b_3 \end{pmatrix}, \vec{c} = \begin{pmatrix} c_1 \\ c_2 \\ c_3 \end{pmatrix}$ sind genau dann linear unabhängig, wenn $k_1 \cdot \vec{a} + k_2 \cdot \vec{b} + k_3 \cdot \vec{c} = \vec{0}$ nur für $k_1 = k_2 = k_3 = 0$ gilt.

Das homogene Gleichungssystem

$$\begin{aligned} k_1a_1 + k_2b_1 + k_3c_1 &= 0 \\ k_1a_2 + k_2b_2 + k_3c_2 &= 0 \\ k_1a_3 + k_2b_3 + k_3c_3 &= 0 \end{aligned}$$

hat genau dann nur die Lösung $(0|0|0)$, wenn

$$\det \begin{vmatrix} a_1 & b_1 & c_1 \\ a_2 & b_2 & c_2 \\ a_3 & b_3 & c_3 \end{vmatrix} \neq 0 \text{ gilt.}$$

Damit haben wir gefunden:

> Die Vektoren $\vec{a}, \vec{b}, \vec{c}$ sind genau dann **linear unabhängig**, wenn $\mathbf{det(\vec{a}, \vec{b}, \vec{c}) \neq 0}$ gilt.

Im Raum $\mathbb{R}^3$ sind gegeben:

Beispiel

$$\vec{a} = \begin{pmatrix} 1 \\ 1 \\ 1 \end{pmatrix}, \vec{b} = \begin{pmatrix} 1 \\ 1 \\ 0 \end{pmatrix}, \vec{c} = \begin{pmatrix} 0 \\ 1 \\ 1 \end{pmatrix}$$

$$\det(\vec{a}, \vec{b}, \vec{c}) = \left|\begin{array}{ccc|cc} 1 & 1 & 0 & 1 & 1 \\ 1 & 1 & 1 & 1 & 1 \\ 1 & 0 & 1 & 1 & 0 \end{array}\right. = 1 + 1 - 1 = 1 \neq 0$$

$\Rightarrow$ $\vec{a}, \vec{b}, \vec{c}$ linear unabhängig

$\Rightarrow$ $\vec{a}, \vec{b}, \vec{c}$ bilden eine Basis des $\mathbb{R}^3$

Bestimmung der Koordinaten eines Vektors $\vec{x}$ bezüglich einer Basis $B = \{\vec{b}_1, \vec{b}_2, \vec{b}_3\}$:

$$\vec{b}_1 = \begin{pmatrix} 1 \\ 1 \\ 1 \end{pmatrix}, \vec{b}_2 = \begin{pmatrix} 1 \\ 1 \\ 0 \end{pmatrix}, \vec{b}_3 = \begin{pmatrix} 0 \\ 1 \\ 1 \end{pmatrix} \text{ und } \vec{x} = \begin{pmatrix} 3 \\ 2 \\ 4 \end{pmatrix}$$

Lösung:

Das folgende Gleichungssystem ist zu lösen:

$$\begin{aligned} x_1 + x_2 \quad\quad &= 3 \\ x_1 + x_2 + x_3 &= 2 \\ x_1 \quad\quad + x_3 &= 4 \end{aligned}$$

Bestimmt man die Determinanten, so erhält man:

$$D = \begin{vmatrix} 1 & 1 & 0 \\ 1 & 1 & 1 \\ 1 & 0 & 1 \end{vmatrix} = 1; \qquad D_1 = \begin{vmatrix} 3 & 1 & 0 \\ 2 & 1 & 1 \\ 4 & 0 & 1 \end{vmatrix} = 5;$$

$$D_2 = \begin{vmatrix} 1 & 3 & 0 \\ 1 & 2 & 1 \\ 1 & 4 & 1 \end{vmatrix} = -2; \quad D_3 = \begin{vmatrix} 1 & 1 & 3 \\ 1 & 1 & 2 \\ 1 & 0 & 4 \end{vmatrix} = -1$$

$$\Rightarrow \quad x_1 = \frac{D_1}{D} = 5; \quad x_2 = \frac{D_2}{D} = -2; \quad x_3 = \frac{D_3}{D} = 1;$$

$$\Rightarrow \quad \vec{x} = \begin{pmatrix} 5 \\ -2 \\ -1 \end{pmatrix}_B$$

Vektorraum und Punktraum

In der Geometrie beschäftigen wir uns mit Untersuchungen der Lagebeziehungen von Figuren (Punktmengen). In der Analytischen Geometrie werden diese Untersuchungen rechnerisch mithilfe von Vektoren ausgeführt. Deshalb müssen geometrische Figuren und Vektoren verknüpft werden. Das soll im Folgenden geschehen.

1 Definition des Punktraums

Auf Seite 12 haben wir einen Vektor $\vec{v}$ als ein Element aus einem Vektorraum V mit den Gesetzen V_1 bis V_4 definiert. Ein Punkt ist für uns ein Element aus einem Punktraum.
Die Verknüpfungen von Vektoren und Punkten liefert die folgende Definition, wobei die Veranschaulichung der Gesetze P_1 bis P_3 im Anschauungsraum erfolgt.

Definition des Punktraums

V sei ein (reeller) Vektorraum. Eine nichtleere Menge *P* heißt ein **(affiner) Punktraum** über V, wobei die Elemente aus *P* **Punkte** heißen, wenn folgende Eigenschaften gelten:

P_1: Zu je zwei Punkten A, B $\in P$ gibt es genau einen Vektor $\vec{v} \in V$ mit $\vec{v} = \overrightarrow{AB}$.

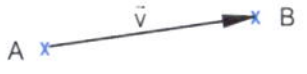

P_2: Zu jedem Punkt C $\in P$ und jedem Vektor $\vec{u} \in V$ gibt es einen Punkt D $\in P$ mit $\overrightarrow{CD} = \vec{u}$.

P_3: Für alle Punkte P, Q, R $\in P$ gilt:
$\overrightarrow{PQ} + \overrightarrow{QR} = \overrightarrow{PR}$

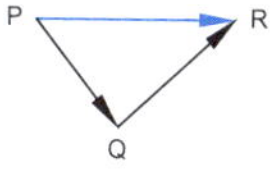

Anmerkungen:

- $\dim P = \dim V$
- $\overrightarrow{AB} = \vec{0} \quad \Leftrightarrow \quad A = B$
- $\overrightarrow{AB} = -\overrightarrow{BA}$
- $\overrightarrow{AB} = \overrightarrow{DC} \quad \Rightarrow \quad \overrightarrow{AD} = \overrightarrow{BC}$
  (Parallelogrammeigenschaft)

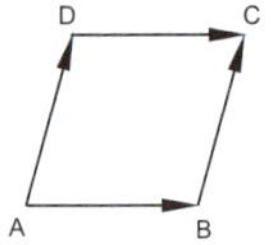

Bezeichnungen:
Reeller eindimensionaler Punktraum: **Gerade**
Reeller zweidimensionaler Punktraum: **Ebene**
Reeller dreidimensionaler Punktraum: **Anschauungsraum**

2 Punkt und Ortsvektor, Koordinatensystem

Man wählt einen Punkt $O \in P$ fest und bezeichnet ihn als **Ursprung**. Dann gilt: Zu jedem Punkt $X \in P$ gibt es genau einen Vektor $\vec{x} = \overrightarrow{OX}$. Zu jedem Vektor $\vec{y}$ gibt es genau einen Punkt $Y \in P$ mit $\overrightarrow{OY} = \vec{y}$.

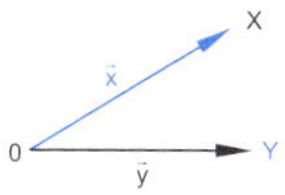

Trägt man im Ursprung O eine Basis des Vektorraums an, so erhält man ein **(affines) Koordinatensystem**.

Die Gerade OE_i bestimmt die i-te Koordinatenachse des Koordinatensystems.

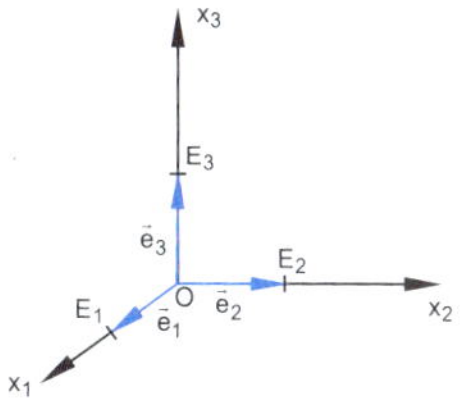

Anmerkungen:

- Da im affinen Koordinatensystem keine Längen und Winkel gemessen werden können, müssen weder die Koordinatenachsen aufeinander senkrecht stehen noch die Einheiten auf den Achsen gleich groß sein. Für Zeichnungen empfiehlt es sich, bereits jetzt senkrechte Koordinatenachsen und gleiche Einheiten auf den Achsen zu wählen. Man kann so die Kästcheneinteilung karierten Papiers ausnutzen.
- Die Voraussetzung, dass ein Punkt P aus einem Punktraum P und ein Vektor $\vec{v}$ aus einem Vektorraum V stammt, wird angenommen, ohne dass dies jedes Mal explizit aufgeschrieben wird.

Beispiel

$\overrightarrow{OX} = \begin{pmatrix} 3 \\ 2 \end{pmatrix} = 3 \cdot \vec{e}_1 + 2 \cdot \vec{e}_2 \quad \Rightarrow \quad X(3 \mid 2)$

Hat der Vektor $\overrightarrow{OX}$ die Darstellung $\overrightarrow{OX} = x_1 \cdot \vec{e}_1 + x_2 \cdot \vec{e}_2 (+x_3 \cdot \vec{e}_3)$, dann heißen die Zahlen x_1, x_2, (x_3) die **Koordinaten** des Punktes X. Der Vektor $\overrightarrow{OX}$ heißt **Ortsvektor** des Punktes X.

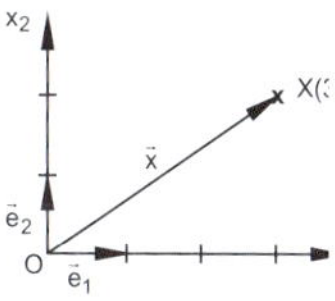

Es gibt eine eindeutige Zuordnung zwischen Vektor- und Punktkoordinaten, wobei unbedingt die Schreibweise zu beachten ist.

Vektor- und Punktkoordinaten

$$\vec{x} = \overrightarrow{OX} = \begin{pmatrix} x_1 \\ x_2 \\ x_3 \end{pmatrix} \Leftrightarrow X(x_1 \mid x_2 \mid x_3)$$

Anmerkung: Ist ein Vektor $\vec{x}$ angegeben, dann handelt es sich um einen Ortsvektor.

Für einen beliebigen Vektor $\overrightarrow{AB}$ gilt:

$\overrightarrow{OA} + \overrightarrow{AB} = \overrightarrow{OB}$

$\vec{a} + \overrightarrow{AB} = \vec{b} \Rightarrow \overrightarrow{AB} = \vec{b} - \vec{a}$

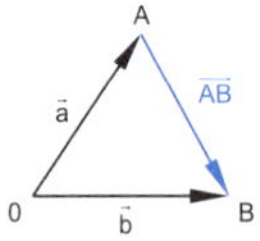

Beliebiger Vektor

$\overrightarrow{AB} = \vec{b} - \vec{a}$ „Ortsvektor des Endpunktes minus Ortsvektor des Anfangspunktes“

Beispiel

1. Bestimme den Vektor $\overrightarrow{AB}$ mit A(3 | 1 | 2) und B(2 | 1 | 4).

   Lösung:

   $$\overrightarrow{AB} = \vec{b} - \vec{a} = \begin{pmatrix} 2 \\ 1 \\ 4 \end{pmatrix} - \begin{pmatrix} 3 \\ 1 \\ 2 \end{pmatrix} = \begin{pmatrix} -1 \\ 0 \\ 2 \end{pmatrix}$$

2. Bestimme zum Punkt A(3 | 6 | –2) und dem Vektor $\overrightarrow{AB} = \begin{pmatrix} 4 \\ -1 \\ 6 \end{pmatrix}$ die Koordinaten des Endpunktes B.

   Lösung:

   $$\overrightarrow{AB} = \vec{b} - \vec{a} \Rightarrow \vec{b} = \vec{a} + \overrightarrow{AB} = \begin{pmatrix} 3 \\ 6 \\ -2 \end{pmatrix} + \begin{pmatrix} 4 \\ -1 \\ 6 \end{pmatrix} = \begin{pmatrix} 7 \\ 5 \\ 4 \end{pmatrix} \Rightarrow B(7 \mid 5 \mid 4)$$

   Anmerkung: Gerechnet wird immer mit Vektoren; Punkte werden aus den Ortsvektoren gefolgert.

3 Teilverhältnis

Obwohl im affinen Punktraum keine Längen von Strecken gemessen werden, können dennoch Verhältnisse von Strecken bestimmt werden. Aus dem Teilverhältnis folgen die Formeln für den Mittelpunkt einer Strecke und den Schwerpunkt eines Dreiecks.

3.1 Innerer und äußerer Teilpunkt, harmonische Teilung

Aus der Mittelstufe kennen wir den Begriff der Teilung einer Strecke.

Der Punkt T teilt die Strecke [AB] im Verhältnis τ, wenn gilt:

$\tau = \frac{\overline{AT}}{\overline{TB}}$

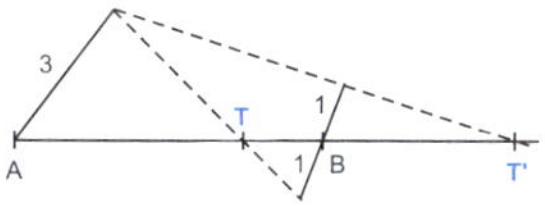

$\tau > 0$: T liegt innerhalb von [AB], T ist innerer Teilpunkt
$\tau < 0$: T liegt außerhalb von [AB], T ist äußerer Teilpunkt

Im gezeichneten Beispiel wird [AB] durch T im Verhältnis $\tau = 3$ innen und durch den Teilpunkt T' im Verhältnis $\tau' = -3$ außen geteilt. Es gilt: $\tau = -\tau'$: [AB] wird durch die Punkte T und T' **harmonisch** geteilt.

Da Strecken noch nicht definiert sind, kann man das Teilverhältnis durch Vektoren festlegen. Es gilt:

Teilverhältnis
Auf einer Geraden sind drei paarweise verschiedene Punkte A, B, T gegeben.
Gilt $\overrightarrow{AT} = \tau \cdot \overrightarrow{TB}$ $(\vec{t} - \vec{a} = \tau \cdot (\vec{b} - \vec{t}))$, so heißt τ das **Teilverhältnis**, in dem der Punkt T die Strecke [AB] teilt.
Für $\tau > 0$ ergibt sich ein **innerer**, für $\tau < 0$ ein **äußerer Teilpunkt**.

Anmerkungen:

- Die Berechnung erfolgt immer über die Koordinatengleichungen:
  $t_1 - a_1 = \tau \cdot (b_1 - t_1)$
  $t_2 - a_2 = \tau \cdot (b_2 - t_2)$
  $t_3 - a_3 = \tau \cdot (b_3 - t_3)$
- Für Punkte links von A (außerhalb von A) gilt: $-1 < \tau < 0$
  Für Punkte rechts von B (außerhalb von B) gilt: $\tau < -1$
  Für den Mittelpunkt der Strecke [AB] gilt: $\tau = 1$
- Für $T = A$ gilt: $\tau = 0$
  Für $T = B$ gibt es kein Teilverhältnis.
  Für $\tau = -1$ gibt es keinen Teilpunkt T.
- Die Punkte T und T' teilen die Strecke [AB] **harmonisch**, wenn in $\overrightarrow{AT} = \tau \cdot \overrightarrow{TB}$ und $\overrightarrow{AT'} = \tau' \cdot \overrightarrow{T'B}$ gilt: $\tau = -\tau'$.
  ABTT' heißen auch vier harmonische Punkte.
- Eine Strecke [AB] lässt sich wie folgt definieren:
  $[AB] = \{X \mid \vec{x} = \vec{a} + \lambda \cdot \overrightarrow{AB} \wedge 0 \leq \lambda \leq 1\}$

Beispiel Gegeben sind die Punkte $A(1|2|1)$, $B(4|-4|-8)$, $T(2|0|-2)$. Bestimme die Koordinaten des 4. harmonischen Punktes T'.

Lösung:

$$\overrightarrow{AT} = \tau \cdot \overrightarrow{TB}$$

$$\vec{t} - \vec{a} = \tau \cdot (\vec{b} - \vec{t})$$

$$\begin{pmatrix} 1 \\ -2 \\ -3 \end{pmatrix} = \tau \begin{pmatrix} 2 \\ -4 \\ -6 \end{pmatrix} \Rightarrow \tau = \tfrac{1}{2} \Rightarrow \tau' = -\tfrac{1}{2}$$

$$\overrightarrow{AT'} = \left(-\tfrac{1}{2}\right) \cdot \overrightarrow{T'B}$$

$$\vec{t}' - \vec{a} = \left(-\tfrac{1}{2}\right) \cdot (\vec{b} - \vec{t}')$$

$$t_1' - 1 = \left(-\tfrac{1}{2}\right) \cdot (4 - t_1') \qquad \Rightarrow t_1' = -2$$

$$t_2' - 2 = \left(-\tfrac{1}{2}\right) \cdot (-4 - t_2') \qquad \Rightarrow t_2' = -8 \qquad \Rightarrow T'(-2|8|10)$$

$$t_3' - 1 = \left(-\tfrac{1}{2}\right) \cdot (-8 - t_3') \qquad \Rightarrow t_3' = 10$$

3.2 Mittelpunkt einer Strecke, Schwerpunkt eines Dreiecks

Aus den Überlegungen zum Teilpunkt einer Strecke kann man einfache Formeln gewinnen, die im Folgenden dann nicht mehr hergeleitet werden müssen.

Für den **Mittelpunkt einer Strecke [AB]** gilt:

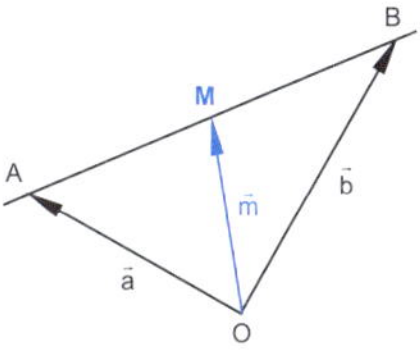

$$\vec{m} = \overrightarrow{OA} + \overrightarrow{AM}$$
$$= \vec{a} + \tfrac{1}{2}\overrightarrow{AB}$$
$$= \vec{a} + \tfrac{1}{2}(\vec{b} - \vec{a})$$
$$= \vec{a} + \tfrac{1}{2}\vec{b} - \tfrac{1}{2}\vec{a}$$
$$= \tfrac{1}{2}\vec{a} + \tfrac{1}{2}\vec{b}$$
$$\mathbf{\vec{m} = \tfrac{1}{2}(\vec{a} + \vec{b})}$$

Beispiel

Bestimme den Mittelpunkt M der Strecke [AB] mit $A(3\,|\,1\,|\,-4)$ und $B\,(1\,|\,5\,|\,2)$.

Lösung:

$$\vec{m} = \tfrac{1}{2}(\vec{a} + \vec{b})$$
$$= \tfrac{1}{2}\left[\begin{pmatrix}3\\1\\-4\end{pmatrix} + \begin{pmatrix}1\\5\\2\end{pmatrix}\right]$$
$$= \tfrac{1}{2}\begin{pmatrix}4\\6\\-2\end{pmatrix}$$
$$= \begin{pmatrix}2\\3\\-1\end{pmatrix}$$

$\Rightarrow \quad M(2\,|\,3\,|\,-1)$

Der **Schwerpunkt S eines Dreiecks ABC** ist der Schnittpunkt der Schwerlinien. Der Schwerpunkt S teilt jede Schwerlinie im Verhältnis 2 : 1. Es gilt:

$$\begin{aligned}\vec{s} &= \vec{a} + \tfrac{2}{3}\overrightarrow{AM}\\ &= \vec{a} + \tfrac{2}{3}(\vec{m} - \vec{a})\\ &= \vec{a} + \tfrac{2}{3}\left[\tfrac{1}{2}(\vec{b} + \vec{c}) - \vec{a}\right]\\ &= \vec{a} + \tfrac{1}{3}\vec{b} + \tfrac{1}{3}\vec{c} - \tfrac{2}{3}\vec{a}\\ &= \tfrac{1}{3}\vec{a} + \tfrac{1}{3}\vec{b} + \tfrac{1}{3}\vec{c}\end{aligned}$$

$$\mathbf{\vec{s} = \tfrac{1}{3}(\vec{a} + \vec{b} + \vec{c})}$$

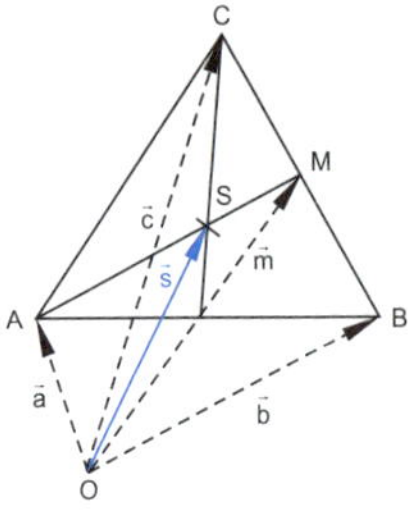

Beispiel Das Dreieck ABC mit A(3 | 8 | –5) und B(6 | 6 | 1) hat den Schwerpunkt S(1 | 4 | –2).
Bestimme die Koordinaten des Punktes C.

Lösung:

$$\vec{s} = \tfrac{1}{3}(\vec{a} + \vec{b} + \vec{c}) \;\Rightarrow\; \vec{c} = 3\vec{s} - \vec{a} - \vec{b} = \begin{pmatrix}3\\12\\-6\end{pmatrix} - \begin{pmatrix}3\\8\\-5\end{pmatrix} - \begin{pmatrix}6\\6\\1\end{pmatrix} = \begin{pmatrix}-6\\-2\\-2\end{pmatrix}$$

$\Rightarrow\;$ C(−6 | −2 | −2)

Geraden- und Ebenengleichungen

Die wichtigsten Elemente der Analytischen Geometrie im dreidimensionalen Raum $\mathbb{R}^3$, die auf lineare Gleichungen führen, sind Geraden und Ebenen.
Im Folgenden wird beschrieben, wie man Gleichungen von Geraden und Ebenen aufstellt und deren Lagebeziehungen untersucht.

1 Geradengleichungen

Punkt-Richtungs-Gleichung

Eine Gerade durch den Ursprung wird als eindimensionaler Unterraum einem eindimensionalen Vektorraum zugeordnet, d. h. sie wird von einem Vektor aufgespannt. Wird dieser Vektor an einem Punkt A im Raum, dem **Antragspunkt A**, angetragen, so erhält man für einen beliebigen Punkt X auf dieser Geraden g durch A:

$\overrightarrow{OX} = \overrightarrow{OA} + \overrightarrow{AX}$

> **Punkt-Richtungs-Gleichung**
> g: $\vec{x} = \vec{a} + \lambda \cdot \vec{u}, \lambda \in \mathbb{R}$

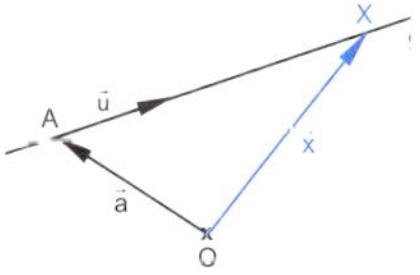

Für jeden Wert $\lambda \in \mathbb{R}$ erhält man einen Punkt X und umgekehrt.

Anmerkungen:

- Eine Gerade ist durch einen Punkt und eine Richtung eindeutig bestimmt. Da die Geradengleichung den Parameter λ enthält, nennt man diese auch **Geradengleichung in Parameterform**.
- Es ergeben sich folgende Koordinatengleichungen:
  Im $\mathbb{R}^3$: $x_1 = a_1 + \lambda u_1$
  $x_2 = a_2 + \lambda u_2$
  $x_3 = a_3 + \lambda u_3$
  Im $\mathbb{R}^2$: $x_1 = a_1 + \lambda u_1$
  $x_2 = a_2 + \lambda u_2$

Nur im $\mathbb{R}^2$ kann der Parameter eliminiert und so eine Koordinatengleichung (Normalenform) hergestellt werden.

- Eine Gerade h, die durch einen Punkt P parallel zur Geraden g verläuft, hat eine Gleichung der Form h: $\vec{x} = \vec{p} + \mu \cdot \vec{u}, \mu \in \mathbb{R}$

Beispiel

1. Die Gerade g durch den Punkt A(1|2|3) hat die Richtung $\vec{u} = \begin{pmatrix} 1 \\ -2 \\ 3 \end{pmatrix}$.

   Überprüfe, ob der Punkt C(3|–2|9) auf g liegt.

   Lösung:

   g: $\vec{x} = \begin{pmatrix} 1 \\ 2 \\ 3 \end{pmatrix} + \lambda \cdot \begin{pmatrix} 1 \\ -2 \\ 3 \end{pmatrix}$

   Wenn der Punkt C auf der Geraden g liegt, muss sich ein eindeutiger Wert für den Parameter λ bestimmen lassen:

   $$\text{C in g:} \quad \left.\begin{array}{rcl} 3 = 1 + \lambda & \Rightarrow & \lambda = 2 \\ -2 = 2 - 2\lambda & \Rightarrow & \lambda = 2 \\ 9 = 3 + 3\lambda & \Rightarrow & \lambda = 2 \end{array}\right\} \Rightarrow \quad C \in g$$

2. Stelle für die Gerade $g \subset \mathbb{R}^2$ eine Koordinatengleichung her:

   g: $\vec{x} = \begin{pmatrix} 1 \\ -4 \end{pmatrix} + \lambda \cdot \begin{pmatrix} 1 \\ 1 \end{pmatrix}$

   Lösung:

   (1) $x_1 = 1 + \lambda$ aus (1): $\lambda = x_1 - 1$

   (2) $x_2 = -4 + \lambda$ in (2): $x_2 = -4 + x_1 - 1$

   $\Rightarrow$ **g: $x_1 - x_2 - 5 = 0$**

   Schreibt man wie in der Analysis $x_1 = x$ und $x_2 = y$, so erhält man die bekannte Form $y = mx + t$ der Geradengleichung:

   $x_2 = x_1 - 5 \quad \Rightarrow \quad y = x - 5$

Zwei-Punkte-Gleichung

Eine Gerade ist durch zwei Punkte eindeutig bestimmt. Man benötigt einen Punkt und eine Richtung. Es bieten sich an: Punkt A und Richtung $\vec{u} = \overrightarrow{AB}$.

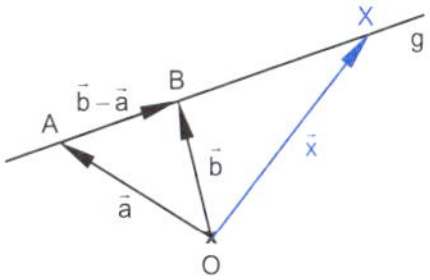

> **Zwei-Punkte-Gleichung**
>
> g: $\vec{x} = \vec{a} + \lambda \cdot (\vec{b} - \vec{a}),\ \lambda \in \mathbb{R}$

Beispiel

Überprüfe, ob die Punkte A(4|5|6), B(6|6|9) und C(2|2|3) auf einer Geraden liegen.

Lösung:

Gerade g = AB: $\vec{x} = \vec{a} + \lambda \cdot (\vec{b} - \vec{a}) = \begin{pmatrix} 4 \\ 5 \\ 6 \end{pmatrix} + \lambda \cdot \begin{pmatrix} 2 \\ 1 \\ 3 \end{pmatrix}$

C in g: $\left.\begin{matrix} 2 = 4 + 2\lambda & \Rightarrow & \lambda = -1 \\ 2 = 5 + \lambda & \Rightarrow & \lambda = -3 \\ 3 = 6 + 3\lambda & \Rightarrow & \lambda = -1 \end{matrix}\right\} \Rightarrow C \notin g$

Die drei Punkte liegen nicht auf einer Geraden, d. h. sie bestimmen ein Dreieck.

Besondere Lagen von Geraden

g: $\vec{x} = \begin{pmatrix} 1 \\ 3 \\ 2 \end{pmatrix} + \lambda \cdot \begin{pmatrix} 0 \\ 0 \\ 1 \end{pmatrix}$ ist parallel zur x_3-Achse.

h: $\vec{x} = \begin{pmatrix} 4 \\ 0 \\ 0 \end{pmatrix} + \mu \cdot \begin{pmatrix} 1 \\ 0 \\ 0 \end{pmatrix}$ ist eine mögliche Gleichung für die x_1-Achse. Die x_1-Achse wird auch durch h': $\vec{x} = \lambda \cdot \begin{pmatrix} 1 \\ 0 \\ 0 \end{pmatrix}$ beschrieben.

k: $\vec{x} = \begin{pmatrix} 1 \\ 3 \\ 2 \end{pmatrix} + \sigma \cdot \begin{pmatrix} 2 \\ 0 \\ 1 \end{pmatrix}$ ist parallel zur x_1-x_3-Koordinatenebene, weil $x_2 = 3$ gilt.

ℓ: $\vec{x} = \begin{pmatrix} 1 \\ 0 \\ 2 \end{pmatrix} + \delta \cdot \begin{pmatrix} 2 \\ 0 \\ 1 \end{pmatrix}$ liegt in der x_1-x_3-Koordinatenebene, weil $x_2 = 0$ gilt.

2 Ebenengleichungen

2.1 Parameterform und Aufstellen von Ebenengleichungen

Eine Ebene durch den Ursprung wird als zweidimensionaler Unterraum des $\mathbb{R}^3$ einem zweidimensionalen Vektorraum zugeordnet, d. h. von zwei linear unabhängigen (also nicht parallelen) Vektoren $\vec{u}$ und $\vec{v}$ aufgespannt. Werden diese Vektoren an einem Punkt A im Raum, dem **Antragspunkt A**, angetragen, so erhält man für einen beliebigen Punkt X auf dieser Ebene E:

Punkt-Richtungs-Gleichung

$$\vec{x} = \overrightarrow{OX} = \overrightarrow{OA} + \overrightarrow{AX}$$
$$= \overrightarrow{OA} + \lambda \cdot \vec{u} + \mu \cdot \vec{v}$$

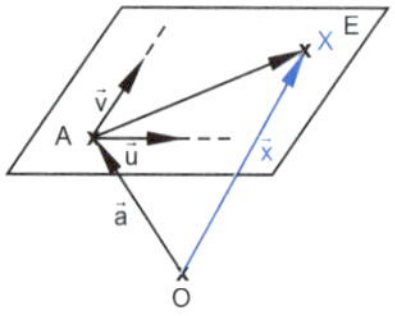

Punkt-Richtungs-Gleichung

E: $\vec{x} = \vec{a} + \lambda \cdot \vec{u} + \mu \cdot \vec{v}, \quad \lambda, \mu \in \mathbb{R}$

Anmerkungen:

- Eine Ebene ist durch einen Punkt und zwei linear unabhängige Richtungen bestimmt. Da die Ebenengleichung zwei Parameter λ, μ enthält, nennt man diese auch **Ebenengleichung in Parameterform**.
- In der Koordinatenschreibweise ergibt sich für die Ebene E:
  $x_1 = a_1 + \lambda u_1 + \mu v_1; \quad x_2 = a_2 + \lambda u_2 + \mu v_2; \quad x_3 = a_3 + \lambda u_3 + \mu v_3$

Beispiel Liegt der Punkt D(0 | 4 | 0) in der Ebene

E: $\vec{x} = \begin{pmatrix} 1 \\ 2 \\ 3 \end{pmatrix} + \lambda \cdot \begin{pmatrix} 1 \\ 1 \\ 0 \end{pmatrix} + \mu \cdot \begin{pmatrix} 2 \\ -1 \\ 3 \end{pmatrix}$?

Lösung:

D liegt in der Ebene E, wenn λ und μ eindeutig bestimmt werden können.

D in E:	(1) $0 = 1 + \lambda + 2\mu$	aus (3):	$\mu = -1$
	(2) $4 = 2 + \lambda - \mu$	in (1):	$\lambda = 1$
	(3) $0 = 3 + 3\mu$	in (2):	$4 = 2 + 1 + 1$ wahr $\Rightarrow D \in E$

Drei-Punkte-Gleichung

Eine Ebene E ist eindeutig festgelegt durch drei Punkte A, B, C, die nicht auf einer Geraden liegen.

Man benötigt einen Punkt und zwei linear unabhängige Richtungen, z. B. Punkt A und $\vec{u} = \overrightarrow{AB}$ und $\vec{v} = \overrightarrow{AC}$.

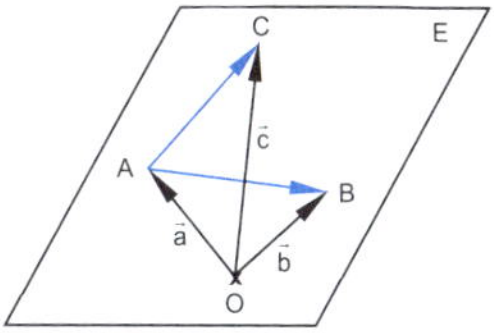

Drei-Punkte-Gleichung

E: $\vec{x} = \vec{a} + \lambda \cdot (\vec{b} - \vec{a}) + \mu \cdot (\vec{c} - \vec{a}), \quad \lambda, \mu \in \mathbb{R}$

Anmerkung: Jeder der drei Punkte ist gleichberechtigt als Antragspunkt. Ebenso können je zwei linear unabhängige Richtungen aus $\overrightarrow{AB}, \overrightarrow{AC}, \overrightarrow{BC}, \overrightarrow{BA}, \overrightarrow{CA}, \overrightarrow{CB}$ gewählt werden.

Beispiel

Bestimme eine Gleichung der Ebene E in Parameterform durch die Punkte A(4 | 2 | 3), B(6 | 2 | –7) und C(3 | 3 | 1).

Lösung:

$$E: \vec{x} = \begin{pmatrix} 4 \\ 2 \\ 3 \end{pmatrix} + \lambda \cdot \begin{pmatrix} 2 \\ 0 \\ -10 \end{pmatrix} + \mu \cdot \begin{pmatrix} -1 \\ 1 \\ -2 \end{pmatrix}$$

Eine Ebene E ist eindeutig festgelegt durch eine Gerade g und einen Punkt P, der nicht auf dieser Geraden liegt.

Man benötigt einen Punkt und zwei linear unabhängige Richtungen, z. B. Punkt $A \in g$ und Richtungen $\vec{u}$ sowie $\vec{v} = \overrightarrow{AP}$.

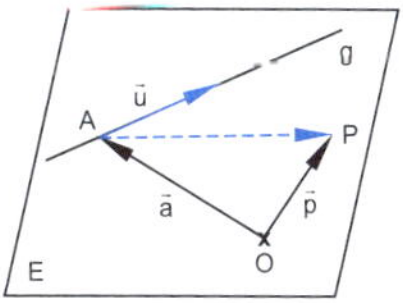

Ebene durch Punkt und Gerade

E: $\vec{x} = \vec{a} + \lambda \cdot \vec{u} + \mu \cdot (\vec{p} - \vec{a}), \quad \lambda, \mu \in \mathbb{R}$

Beispiel Zeige, dass die Gerade

$$g:\ \vec{x} = \begin{pmatrix}1\\2\\1\end{pmatrix} + \delta \cdot \begin{pmatrix}2\\0\\1\end{pmatrix}$$

und der Punkt P(3 | 4 | –7) eine Ebene E aufspannen und gib eine Gleichung von E in Parameterform an.

Lösung:

P in g: $3 = 1 + 2\lambda$

$4 = 2$ falsch $\Rightarrow$ $P \notin g$ $\Rightarrow$ P und g spannen eindeutig eine Ebene auf

$7 = 1 + \lambda$

$$E:\ \vec{x} = \begin{pmatrix}1\\2\\1\end{pmatrix} + \lambda \cdot \begin{pmatrix}2\\0\\1\end{pmatrix} + \mu \cdot \begin{pmatrix}2\\2\\-8\end{pmatrix}$$

Eine Ebene E ist eindeutig festgelegt durch zwei Geraden g_1 und g_2, die sich in einem Punkt S schneiden.

Man benötigt einen Punkt und zwei linear unabhängige Richtungen, z. B. Punkt A und Richtungen $\vec{u}$ und $\vec{v}$.

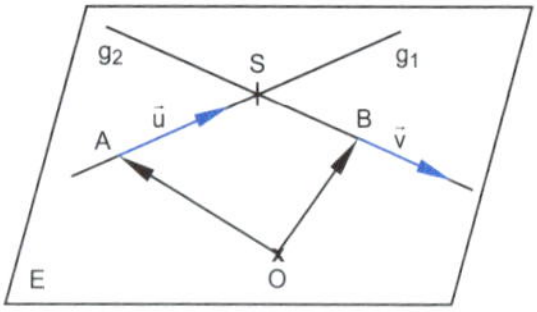

Ebene durch zwei sich schneidende Geraden

$E:\ \vec{x} = \vec{a} + \lambda \cdot \vec{u} + \mu \cdot \vec{v},\ \lambda, \mu \in \mathbb{R}$

Beispiel Bestimme eine Gleichung der Ebene E in Parameterform, die durch die Geraden

$$g_1:\ \vec{x} = \begin{pmatrix}1\\2\\1\end{pmatrix} + \delta \cdot \begin{pmatrix}2\\0\\1\end{pmatrix} \text{ und } g_2:\ \vec{x} = \begin{pmatrix}1\\2\\1\end{pmatrix} + \sigma \cdot \begin{pmatrix}2\\1\\-1\end{pmatrix}$$

aufgespannt wird.

Lösung:

$$E:\ \vec{x} = \begin{pmatrix}1\\2\\1\end{pmatrix} + \lambda \cdot \begin{pmatrix}2\\0\\1\end{pmatrix} + \mu \cdot \begin{pmatrix}2\\1\\-1\end{pmatrix}$$

Eine Ebene E ist durch zwei echt parallele Geraden eindeutig bestimmt.

Man benötigt einen Punkt und zwei linear unabhängige Richtungen, z. B. Punkt A und Richtungen $\vec{u}$ und $\vec{v} = \overrightarrow{AB}$.

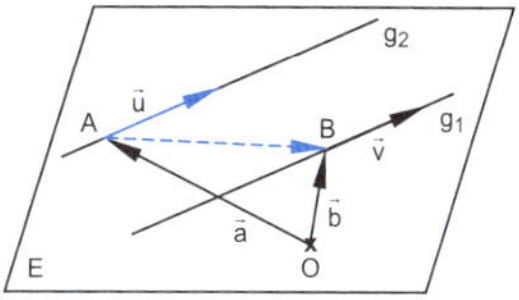

Ebene durch zwei parallele Geraden

E: $\vec{x} = \vec{a} + \lambda \cdot \vec{u} + \mu \cdot (\vec{b} - \vec{a}),\ \lambda, \mu \in \mathbb{R}$

Beispiel

Bestimme eine Gleichung der Ebene E in Parameterform, die durch die echt parallelen Geraden

g: $\vec{x} = \begin{pmatrix} 2 \\ 4 \\ -3 \end{pmatrix} + \delta \cdot \begin{pmatrix} 1 \\ 2 \\ -1 \end{pmatrix}$

und

h: $\vec{x} = \begin{pmatrix} 3 \\ 4 \\ 4 \end{pmatrix} + \sigma \cdot \begin{pmatrix} 2 \\ 4 \\ -2 \end{pmatrix}$

aufgespannt wird.

Lösung:

E: $\vec{x} = \begin{pmatrix} 2 \\ 4 \\ -3 \end{pmatrix} + \lambda \cdot \begin{pmatrix} 1 \\ 2 \\ -1 \end{pmatrix} + \mu \cdot \begin{pmatrix} 1 \\ 0 \\ 7 \end{pmatrix}$

2.2 Koordinatenform (Normalenform) der Ebenengleichung

In der Ebenengleichung E: $\vec{x} = \vec{a} + \lambda \cdot \vec{u} + \mu \cdot \vec{v}$ lassen sich die Parameter λ und μ eliminieren, wenn man die drei Koordinatengleichungen aufstellt. Es entsteht eine Gleichung nur zwischen den Variablen x_1, x_2, x_3. Diese Form der Ebenengleichung heißt **Koordinatenform** oder **Normalenform** (Erklärung dieser Namen später!).
Da das Freirechnen der beiden Parameter aus zwei der drei Gleichungen sehr mühsam sein kann, gehen wir hier einen anderen Weg, der rechnerisch wesentlich einfacher ist.

Aus der Ebenengleichung weiß man, dass die Vektoren $\overrightarrow{AX} = \vec{x} - \vec{a}$, $\vec{u}$ und $\vec{v}$ in der Ebene E liegen und somit linear abhängig sind (siehe Skizze). Drei Vektoren sind aber genau dann linear abhängig, wenn ihre Determinante den Wert 0 hat, d. h. es gilt:

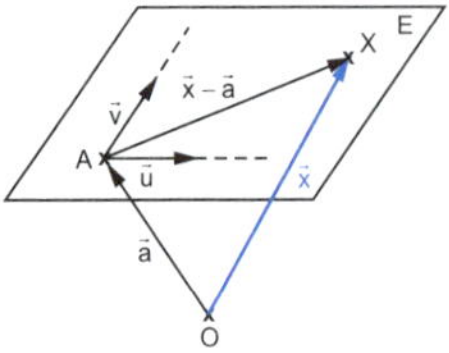

Normalenform der Ebenengleichung

$$E\colon \det(\vec{x}-\vec{a}, \vec{u}, \vec{v}) = \begin{vmatrix} x_1 - a_1 & u_1 & v_1 \\ x_2 - a_2 & u_2 & v_2 \\ x_3 - a_3 & u_3 & v_3 \end{vmatrix} = 0$$

Es ergibt sich eine Gleichung E:
$n_1 \cdot x_1 + n_2 \cdot x_2 + n_3 \cdot x_3 + n_4 = 0$, $n_i \in \mathbb{R}$, die Koordinatenform bzw. Normalenform der Ebenengleichung heißt.

Beispiel Bestimme für die Ebene E: $\vec{x} = \begin{pmatrix} 1 \\ 1 \\ 1 \end{pmatrix} + \lambda \cdot \begin{pmatrix} 2 \\ 2 \\ -1 \end{pmatrix} + \mu \cdot \begin{pmatrix} 2 \\ 1 \\ 2 \end{pmatrix}$ eine Gleichung in Normalenform.
Überprüfe, ob der Punkt P(4 | 3 | –2) auf der Ebene E liegt und bestimme den Schnittpunkt S der Ebene E mit der x_3-Achse.

Lösung:

$$E: \begin{vmatrix} x_1-1 & 2 & 2 \\ x_2-1 & 2 & 1 \\ x_3-1 & -1 & 2 \end{vmatrix} \begin{matrix} x_1-1 & 2 \\ x_2-1 & 2 \\ x_3-1 & -1 \end{matrix} =$$

$= 4(x_1-1)+2(x_3-1)-2(x_2-1)-4(x_3-1)+1(x_1-1)-4(x_2-1)$

$= 0$

E: $4x_1-4+2x_3-2-2x_2+2-4x_3+4+x_1-1-4x_2+4=0$

E: $5x_1-6x_2-2x_3+3=0$

P in E: $20-18+4+3=0 \Rightarrow 9=0$ falsch $\Rightarrow P \notin E$

Schnittpunkt mit der x_3-Achse:

$x_1=x_2=0$: $-2x_3+3=0$

$\Rightarrow x_3=1{,}5 \Rightarrow S(0|0|1{,}5)$

Besondere Lagen von Ebenen

Ebene parallel zu einer Koordinatenachse

Ist in der Ebenengleichung $n_1x_1+n_2x_2+n_3x_3+n_4=0$ der Koeffizient $n_1=0$ ($n_2=0$, $n_3=0$), so ist die Ebene parallel zur x_1-(x_2-, x_3-)Achse.

Beispiel

E: $3x_1-5x_2+16=0$ ist parallel zur x_3-Achse

E: $6x_1-7=0$ ist parallel zur x_2-Achse und zur x_3-Achse, d. h. zur x_2-x_3-Koordinatenebene

E: $6x_1+3x_2-2x_3=0$ enthält den Ursprung $O(0|0|0)$

Gleichungen der Koordinatenebenen

$x_1=0$ x_2-x_3-Koordinatenebene

$x_2=0$ x_1-x_3-Koordinatenebene

$x_3=0$ x_1-x_2-Koordinatenebene

3 Lagebeziehungen zwischen Geraden und Ebenen

3.1 Zwei Geraden

Die gegenseitige Lage zweier Geraden im zweidimensionalen Raum $\mathbb{R}^2$ haben wir bereits beim Lösen von Gleichungssystemen von zwei Gleichungen mit zwei Variablen erörtert.
Aus der räumlichen Geometrie der Mittelstufe weiß man, dass es im $\mathbb{R}^3$ für zwei Geraden vier mögliche Lagen gibt: Die Geraden sind echt parallel, sie fallen zusammen, sie schneiden sich in einem Punkt oder sie sind windschief (sie laufen aneinander vorbei, ohne parallel zu sein).
Die beiden Geraden sollen in der folgenden Form gegeben sein:

g: $\vec{x} = \vec{a} + \lambda \cdot \vec{u}, \lambda \in \mathbb{R}$; h: $\vec{x} = \vec{b} + \mu \cdot \vec{v}, \mu \in \mathbb{R}$

Durch die Betrachtung der Richtungsvektoren $\vec{u}$ und $\vec{v}$ ergeben sich die folgenden beiden Unterscheidungen, die jeweils zwei der vier Fälle abdecken.

$g \parallel h$, d. h. **$\vec{u} = r \cdot \vec{v}$**
- g und h sind echt parallel
- g und h fallen zusammen

$g \nparallel h$, d. h. **$\vec{u} \neq r \cdot \vec{v}$**
- g und h schneiden sich in einem Punkt
- g und h sind windschief

Innerhalb dieser beiden Gruppen fällt die Entscheidung jeweils nach dem gleichen Verfahren.

(1) **$g \parallel h$**, d. h. **$\vec{u} = r \cdot \vec{v}$**

Man wählt einen Punkt $A \in g$ ($B \in h$) und prüft nach, ob er auf h (auf g) liegt.

Falls **$A \in g \wedge A \in h$** $\Rightarrow$ **$g = h$,** d. h. die beiden Geraden fallen zusammmen

Falls **$A \in g \wedge A \notin h$** $\Rightarrow$ **g und h sind echt parallel**

Beispiel

Bestimme jeweils die gegenseitige Lage der beiden Geraden g und h:

1. g: $\vec{x} = \begin{pmatrix} 1 \\ 0 \\ 1 \end{pmatrix} + \lambda \cdot \begin{pmatrix} 2 \\ 2 \\ 1 \end{pmatrix}$ h: $\vec{x} = \begin{pmatrix} 5 \\ 4 \\ 3 \end{pmatrix} + \mu \cdot \begin{pmatrix} -2 \\ -2 \\ -1 \end{pmatrix}$

   Lösung:

   $g \parallel h$, weil $\begin{pmatrix} 2 \\ 2 \\ -1 \end{pmatrix} = (-1) \cdot \begin{pmatrix} -2 \\ -2 \\ -1 \end{pmatrix}$ gilt.

   A(1 | 0 | 1) in h:

   $$\begin{aligned} 1 &= 5 - 2\mu &\Rightarrow\ \mu &= 2 \\ 0 &= 4 - 2\mu &\Rightarrow\ \mu &= 2 \quad \Rightarrow\ A \in h \\ 1 &= 3 - \mu &\Rightarrow\ \mu &= 2 \end{aligned}$$

   $\Rightarrow$ $g = h$, d. h. die beiden Geraden fallen zusammen

2. g: $\vec{x} = \begin{pmatrix} 3 \\ 2 \\ 2 \end{pmatrix} + \lambda \cdot \begin{pmatrix} 2 \\ 2 \\ 1 \end{pmatrix}$ h: $\vec{x} = \begin{pmatrix} 4 \\ 3 \\ 1 \end{pmatrix} + \mu \cdot \begin{pmatrix} 4 \\ 4 \\ 2 \end{pmatrix}$

   Lösung:

   $g \parallel h$, weil $\begin{pmatrix} 2 \\ 2 \\ 1 \end{pmatrix} = \frac{1}{2} \cdot \begin{pmatrix} 4 \\ 4 \\ 2 \end{pmatrix}$ gilt.

   A(3 | 2 | 2) in h:

   $$\begin{aligned} 3 &= 4 + 4\mu &\Rightarrow\ \mu &= -\tfrac{1}{4} \\ 2 &= 3 + 4\mu &\Rightarrow\ \mu &= -\tfrac{1}{4} \quad \Rightarrow\ A \notin h \\ 2 &= 1 + 2\mu &\Rightarrow\ \mu &- \tfrac{1}{2} \end{aligned}$$

   $\Rightarrow$ g und h sind echt parallel, d. h. $g \parallel h$ und $g \cap h = \{\}$

(2) **$g \nparallel h$**, d. h. **$\vec{u} \neq r \cdot \vec{v}$**
Man versucht einen Schnittpunkt auszurechnen, d. h. man setzt die Koordinatengleichungen der Geraden gleich. Aus zwei der drei Geraden kann man die Parameter (hier λ und μ) frei rechnen. Das Einsetzen in die dritte Gleichung entscheidet die Lage.
Es entsteht eine **wahre Aussage** $\Rightarrow$ **g und h schneiden sich in einem Punkt**
Es entsteht eine **falsche Aussage** $\Rightarrow$ **g und h sind windschief**

Beispiel

Bestimme jeweils die gegenseitige Lage der beiden Geraden g und h:

1. g: $\vec{x} = \begin{pmatrix} -3 \\ -4 \\ -1 \end{pmatrix} + \lambda \cdot \begin{pmatrix} 2 \\ 2 \\ 1 \end{pmatrix}$ h: $\vec{x} = \begin{pmatrix} 4 \\ 3 \\ 1 \end{pmatrix} + \mu \cdot \begin{pmatrix} -1 \\ -1 \\ 1 \end{pmatrix}$

   Lösung:

   g $\nparallel$ h, weil $\begin{pmatrix} 2 \\ 2 \\ 1 \end{pmatrix} \neq k \cdot \begin{pmatrix} -1 \\ -1 \\ 1 \end{pmatrix}$ gilt.

   $$\begin{array}{lll} (1) & -3 + 2\lambda = 4 - \mu & \\ (2) & -4 + 2\lambda = 3 - \mu & \\ (3) & -1 + \lambda \quad = 1 + \mu & \\ \hline (2)+(3): & -5 + 3\lambda = 4 & \Rightarrow \lambda = 3 \\ \text{in } (3): & -1 + 3 \quad = 1 + \mu & \Rightarrow \mu = 1 \\ \text{in } (1): & -3 + 6 \quad = 4 - 1 \text{ wahr} & \Rightarrow \end{array}$$

   g und h schneiden sich in einem Punkt S

   $$\vec{s} = \begin{pmatrix} -3 \\ -4 \\ -1 \end{pmatrix} + 3 \cdot \begin{pmatrix} 2 \\ 2 \\ 1 \end{pmatrix} = \begin{pmatrix} 3 \\ 2 \\ 2 \end{pmatrix} \Rightarrow S(3|2|2)$$

2. g: $\vec{x} = \begin{pmatrix} 1 \\ 0 \\ 1 \end{pmatrix} + \lambda \cdot \begin{pmatrix} 2 \\ 2 \\ 1 \end{pmatrix}$ h: $\vec{x} = \begin{pmatrix} 4 \\ 3 \\ 1 \end{pmatrix} + \mu \cdot \begin{pmatrix} 1 \\ -2 \\ 2 \end{pmatrix}$

   Lösung:

   g $\nparallel$ h, weil $\begin{pmatrix} 2 \\ 2 \\ 1 \end{pmatrix} \neq k \cdot \begin{pmatrix} 1 \\ -2 \\ 2 \end{pmatrix}$ gilt.

   $$\begin{array}{lll} (1) & 1 + 2\lambda = 4 + \mu & \\ (2) & 2\lambda = 3 - 2\mu & \\ (3) & 1 + \lambda \quad = 1 + 2\mu & \\ \hline (2)+(3): & 1 + 3\lambda = 4 & \Rightarrow \lambda = 1 \\ \text{in } (2): & 2 \quad = 3 - 2\mu & \Rightarrow \mu = \frac{1}{2} \\ \text{in } (1): & 1 + 2 \quad = 4 + \frac{1}{2} \text{ falsch} & \end{array}$$

   $\Rightarrow$ g und h sind windschief

3.2 Zwei Ebenen

Die Ebenen werden für alle Rechnungen immer in Koordinatenform (Normalenform) gebracht.

Für die gegenseitige Lage zweier Ebenen
E_1: $n_1x_1 + n_2x_2 + n_3x_3 + n_4 = 0$ und
E_2: $n'_1x_1 + n'_2x_2 + n'_3x_3 + n'_4 = 0$
gibt es drei Möglichkeiten: Die Ebenen fallen zusammen, sind echt parallel oder schneiden sich in einer Geraden.
Die Ebenengleichungen können stets durch Division auf eine Form gebracht werden, in der die Koeffizienten n_i bzw. n'_i $(i = 1, 2, 3)$ teilerfremde ganze Zahlen sind.

(1) Gilt nach der Umformung $n_1 = n'_1 \wedge n_2 = n'_2 \wedge n_3 = n'_3 \wedge n_4 = n'_4$, so **fallen die beiden Ebenen zusammen**, d. h. es gilt $E_1 = E_2$.

Beispiel

$$E_1:\quad 6x_1 + 8x_2 - 2x_3 - 16 = 0 \quad |:(-2)$$
$$E_2:\quad -3x_1 - 4x_2 + x_3 + 8 = 0$$

$$E_1:\quad -3x_1 - 4x_2 + x_3 + 8 = 0$$
$$E_2:\quad -3x_1 - 4x_2 + x_3 + 8 = 0$$

$\Rightarrow$ Es gilt: $E_1 = E_2$

(2) Gilt nach der Umformung $n_1 = n'_1 \wedge n_2 = n'_2 \wedge n_3 = n'_3 \wedge n_4 \neq n'_4$, so **sind die beiden Ebenen echt parallel**.

Beispiel

$$E_1:\quad 3x_1 - 8x_2 + 4x_3 - 16 = 0$$
$$E_2:\quad -6x_1 + 16x_2 - 8x_3 + 4 = 0 \quad |:(-2)$$

$$E_1:\quad 3x_1 - 8x_2 + 4x_3 - 16 = 0$$
$$E_2:\quad 3x_1 - 8x_2 + 4x_3 - 2 = 0$$

$\Rightarrow$ E_1 und E_2 sind echt parallel

(3) Stimmen die n_i und n'_i ($i = 1, 2, 3$) nicht paarweise überein, dann schneiden sich die beiden Ebenen in einer Geraden s, der **Schnittgeraden s**. Die Schnittgerade einer Ebene mit einer Koordinatenebene heißt **Spurgerade**.
Die Bestimmung einer Gleichung der Schnittgeraden s wird am folgenden Beispiel gezeigt.

Beispiel

E_1: $2x_1 + x_2 - 2x_3 - 3 = 0$
E_2: $x_1 - x_2 + 3x_3 = 0$

1. Möglichkeit:
Da die zwei Gleichungen drei Variable besitzen, kann eine beliebig frei gewählt werden, z. B. $x_1 = \lambda$.

$$\begin{array}{lrcl}
(1) & 2\lambda + x_2 - 2x_3 - 3 & = & 0 \\
(2) & \lambda - x_2 + 3x_3 & = & 0 \\
\hline
(1)+(2): & 3\lambda + x_3 - 3 & = & 0 \quad \Rightarrow \quad x_3 = 3 - 3\lambda \\
\text{in } (2): & \lambda - x_2 + 9 - 9\lambda & = & 0 \quad \Rightarrow \quad x_2 = 9 - 8\lambda
\end{array}$$

$$\begin{array}{l} x_1 = 0 + \lambda \cdot 1 \\ x_2 = 9 + \lambda \cdot (-8) \\ x_3 = 3 + \lambda \cdot (-3) \end{array} \quad \Rightarrow \quad s\colon \vec{x} = \begin{pmatrix} 0 \\ 9 \\ 3 \end{pmatrix} + \lambda \cdot \begin{pmatrix} 1 \\ -8 \\ -3 \end{pmatrix}$$

2. Möglichkeit:
Wählt man jeweils eine Variable fest, so kann man zwei Punkte auf der Schnittgerade bestimmen.

$$\begin{array}{llrcl}
x_1 = 0: & (1) & x_2 - 2x_3 - 3 & = & 0 \\
 & (2) & -x_2 + 3x_3 & = & 0 \\
\hline
 & (1)+(2): & x_3 - 3 & = & 0 \quad \Rightarrow \quad x_3 = 3 \\
 & \text{in } (2): & x_2 & = & 9 \quad \Rightarrow \quad S_1(0|9|3)
\end{array}$$

$$\begin{array}{llrcl}
x_3 = 0: & (1) & 2x_1 + x_2 - 3 & = & 0 \\
 & (2) & x_1 - x_2 & = & 0 \\
\hline
 & (1)+(2): & 3x_1 - 3 & = & 0 \quad \Rightarrow \quad x_1 = 1 \\
 & \text{in } (2): & x_2 & = & 1 \quad \Rightarrow \quad S_2(1|1|0)
\end{array}$$

$$s = S_1S_2\colon \vec{x} = \begin{pmatrix} 0 \\ 9 \\ 3 \end{pmatrix} + \lambda \cdot \begin{pmatrix} 1 \\ -8 \\ -3 \end{pmatrix}$$

3.3 Gerade und Ebene

Die Ebene wird wieder in die Koordinatenform (Normalenform) umgewandelt, d. h. man hat E: $n_1x_1 + n_2x_2 + n_3x_3 + n_4 = 0$. Die Gerade sei in der Form g: $\vec{x} = \vec{a} + \lambda \cdot \vec{u}$ gegeben.
Es können drei verschiedene Lagen auftreten: Die Gerade g liegt in der Ebene E, sie ist echt parallel zu ihr oder sie schneidet sie in einem Punkt.
Alle drei Fälle können mit dem gleichen Verfahren bestimmt werden: Man setzt die Koordinaten der Punkte der Geraden

$$g: \begin{cases} x_1 = a_1 + \lambda u_1 \\ x_2 = a_2 + \lambda u_2 \\ x_3 = a_3 + \lambda u_3 \end{cases}$$

in die Ebene E ein.

(1) Errechnet sich für den Parameter (hier λ) ein Wert, dann **schneidet die Gerade g die Ebene E in einem Punkt S**.
Der Schnittpunkt einer Geraden mit einer Koordinatenebene heißt **Spurpunkt**.

Beispiel

Untersuche die gegenseitige Lage der Ebene E: $3x_1 - 2x_2 + 6x_3 + 14 = 0$
und der Geraden g: $\vec{x} = \begin{pmatrix} -7 \\ 4 \\ -1 \end{pmatrix} + \lambda \cdot \begin{pmatrix} 3 \\ -3 \\ 1 \end{pmatrix}$.

Lösung:

$x_1 = -7 + 3\lambda$ $\quad 3(-7 + 3\lambda) - 2(4 - 3\lambda) + 6(-1 + \lambda) + 14 = 0$
$x_2 = 4 - 3\lambda$ in E: $\quad -21 + 9\lambda - 8 + 6\lambda - 6 + 6\lambda + 14 = 0$
$x_3 = -1 + \lambda$ $\quad 21\lambda = 21$
$\Rightarrow \quad \lambda = 1$

$\lambda = 1$ in g eingesetzt liefert $S(-4\,|\,1\,|\,0)$

(2) Die Ausdrücke mit dem Parameter (hier λ) fallen weg und es bleibt eine wahre Aussage stehen: **Die Gerade g liegt in der Ebene E**, weil sich für jeden Wert des Parameters beim Einsetzen in E eine wahre Aussage ergibt, d. h. jeder Punkt der Geraden liegt in der Ebene.

Beispiel

Untersuche die gegenseitige Lage der
Ebene E: $6x_1 + 4x_2 + 3x_3 - 12 = 0$

und der Geraden g: $\vec{x} = \begin{pmatrix} 2 \\ 3 \\ -4 \end{pmatrix} + \lambda \cdot \begin{pmatrix} 1 \\ -3 \\ 2 \end{pmatrix}$.

Lösung:

$$\begin{array}{lll} x_1 = 2 + \lambda & & 6(2+\lambda) + 4(3-3\lambda) + 3(-4+2\lambda) + 12 = 0 \\ x_2 = 3 - 3\lambda & \text{in E:} & 12 + 6\lambda + 12 - 12\lambda - 12 + 6\lambda - 12 = 0 \\ x_3 = 4 + 2\lambda & & 0 = 0 \text{ w.} \end{array}$$

$\Rightarrow$ $g \subset E$, d. h. g liegt in E

(3) Die Ausdrücke mit dem Parameter (hier λ) fallen weg und es bleibt eine falsche Aussage stehen: **Die Gerade g ist echt parallel zur Ebene E**, weil sich für jeden Wert des Parameters beim Einsetzen eine falsche Aussage ergibt, d. h. kein Punkt der Geraden liegt in der Ebene.

Beispiel

Untersuche die gegenseitige Lage der
Ebene E: $2x_1 + 2x_2 - x_3 - 15 = 0$

und der Geraden g: $\vec{x} = \begin{pmatrix} 1 \\ 1 \\ 1 \end{pmatrix} + \lambda \cdot \begin{pmatrix} 2 \\ -1 \\ 2 \end{pmatrix}$.

Lösung:

$$\begin{array}{lll} x_1 = 1 + 2\lambda & & 2(1+2\lambda) + 2(1-\lambda) - (1+2\lambda) - 15 = 0 \\ x_2 = 1 - \lambda & \text{in E:} & 2 + 4\lambda + 2 - 2\lambda - 1 - 2\lambda - 15 = 0 \\ x_3 = 1 + 2\lambda & & -12 = 0 \text{ f.} \end{array}$$

$\Rightarrow$ g ist echt parallel zu E

Euklidische Vektorräume und Punkträume

Punkte, Geraden, Ebenen, Schnittpunkte, Parallelität und Teilverhältnis sind Begriffe aus der affinen Geometrie, mit deren Hilfe Probleme, bei denen Längen von Strecken und Größen von Winkeln benötigt werden, nicht gelöst werden können. Das ist dann der Inhalt der euklidischen oder metrischen Geometrie. Auch bei ihrer Einführung verwenden wir als Grundlage wieder die Vektorrechnung, wobei zur Definition einer Metrik das Skalarprodukt zweier Vektoren benötigt wird.

1 Skalarprodukt und euklidischer Vektorraum

Im affinen Raum sind keine Messungen von Länge und Winkel möglich. Erst wenn man eine Metrik (Maßsystem) einführt, kann man diesen Mangel beheben. Dazu benötigt man ein Produkt aus zwei Vektoren. Dafür sind zwei verschiedene Möglichkeiten denkbar: Das Ergebnis des Produkts ist eine Zahl aus $\mathbb{R}$ (skalar) oder das Ergebnis des Produkts ist ein Vektor aus V.

1.1 Definition des Skalarprodukts

Wir betrachten zuerst eine Verknüpfung zwischen zwei Vektoren aus der Physik, deren Ergebnis eine reelle Zahl ist, z. B. gilt bei der Definition der Arbeit:

$$W = \vec{F} \circ \vec{s} = |\vec{F}| \cdot |\vec{s}| \cdot \cos\varphi$$

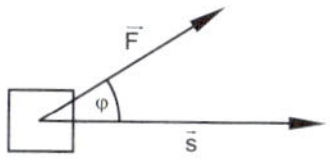

Die Eigenschaften, die bei der Verknüpfung von zwei Vektoren aus der Physik gelten, werden Grundlage der Definition eines Skalarprodukts.

Skalarprodukt, euklidscher Vektorraum

V sei ein reeller Vektorraum. Eine Vektorverknüpfung $\circ: V \times V \mapsto \mathbb{R}$, die jedem Vektorpaar $\vec{a}, \vec{b} \in V$ eindeutig eine reelle Zahl $\vec{a} \circ \vec{b}$ zuordnet, heißt **Skalarprodukt**, wenn für alle $\vec{a}, \vec{b}, \vec{c} \in V$ und $k \in \mathbb{R}$ gilt:

S_1: Kommutativgesetz: $\vec{a} \circ \vec{b} = \vec{b} \circ \vec{a}$

S_2: Distributivgesetz: $\vec{a} \circ (\vec{b} + \vec{c}) = \vec{a} \circ \vec{b} + \vec{a} \circ \vec{c}$

S_3: Gemischtes Assoziativgesetz: $(k \cdot \vec{a}) \circ \vec{b} = k \cdot (\vec{a} \circ \vec{b})$

S_4: Für jeden Vektor $\vec{a} \neq \vec{0}$ gilt: $\vec{a} \circ \vec{a} = \vec{a}^2 > 0$

Ein Vektorraum, in dem ein Skalarprodukt definiert ist, heißt **euklidischer Vektorraum**.

Anmerkungen:

- Zu einem Vektor $\vec{v}$ gibt es bezüglich der Verknüpfung $\circ$ kein inverses Element, d. h. man kann nicht durch einen Vektor dividieren.
- Bezüglich der Verknüpfung $\circ$ gibt es auch kein neutrales Element, da das Ergebnis der Verknüpfung eine Zahl und kein Vektor ist.
- Aus $\vec{a} = \vec{b}$ folgt: $\vec{a} \circ \vec{x} = \vec{b} \circ \vec{x}$, d. h. man darf eine Vektorgleichung skalar mit einem Vektor multiplizieren.
- Ein Skalarprodukt ist eindeutig bestimmt, wenn man die Skalarprodukte von je zwei Basisvektoren kennt.
- In einem n-dimensionalen Vektorraum gibt es unendlich viele Skalarprodukte.

Beispiel 1. $n = 2$: $B = \{\vec{b}_1, \vec{b}_2\}$ mit

$$\vec{b}_1 \circ \vec{b}_1 = \vec{b}_1^2 = 1,\ \vec{b}_2 \circ \vec{b}_2 = \vec{b}_2^2 = 5,\ \vec{b}_1 \circ \vec{b}_2 = \vec{b}_2 \circ \vec{b}_1 = 2$$

Für $\vec{x} = x_1 \cdot \vec{b}_1 + x_2 \cdot \vec{b}_2$ und $\vec{y} = y_1 \cdot \vec{b}_1 + y_2 \cdot \vec{b}_2$

gelten:

$$x \circ y = x_1 y_1 \vec{b}_1^2 + x_1 y_2 \vec{b}_1 \circ \vec{b}_2 + x_2 y_1 \vec{b}_2 \circ \vec{b}_1 + x_2 y_2 \vec{b}_2^2 =$$
$$= x_1 y_1 + 2x_1 y_2 + 2x_2 y_1 + 5x_2 y_2$$

$$\vec{x} \circ \vec{x} = x_1^2 + 4x_1 x_2 + 5x_2^2 = x_1^2 + 4x_1 x_2 + 4x_2^2 + x_2^2 =$$
$$= (x_1 + 2x_2)^2 + x_2^2 > 0$$

2. $n = 3$: $B = \{ \vec{b}_1, \vec{b}_2, \vec{b}_3 \}$ mit

$\vec{b}_i^2 = 1,\ \vec{b}_1 \circ \vec{b}_2 = \vec{b}_2 \circ \vec{b}_1 = 1,$

$\vec{b}_1 \circ \vec{b}_3 = \vec{b}_3 \circ \vec{b}_1 = \vec{b}_2 \circ \vec{b}_3 = \vec{b}_3 \circ \vec{b}_2 = 0$

Für $\vec{x} = x_1\vec{b}_1 + x_2\vec{b}_2 + x_3\vec{b}_3$ und $\vec{y} = y_1\vec{b}_1 + y_2\vec{b}_2 + y_3\vec{b}_3$ gelten:

$x \circ y = x_1y_1 + x_1y_2 + x_2y_1 + x_2y_2 + x_3y_3$

$\vec{x} \circ \vec{x} = x_1^2 + 2x_1x_2 + x_2^2 + x_3^2 = (x_1 + x_2)^2 + x^3 > 0$

1.2 Standardskalarprodukt

Da es unendlich viele Skalarprodukte gibt, wählen wir für weitere Berechnungen das einfachste aus und nennen es **Standardskalarprodukt**. Im dreidimensionalen Vektorraum V mit der Standardbasis $B_0 = \{ \vec{e}_1, \vec{e}_2, \vec{e}_3 \}$ legt man fest:

$\vec{e}_1^{\,2} = \vec{e}_2^{\,2} = \vec{e}_3^{\,2} = 1,$

$\vec{e}_1 \circ \vec{e}_2 = \vec{e}_2 \circ \vec{e}_1 = \vec{e}_1 \circ \vec{e}_3 = \vec{e}_3 \circ \vec{e}_1 = \vec{e}_2 \circ \vec{e}_3 = \vec{e}_3 \circ \vec{e}_2 = 0$

Dann gilt für das Standardskalarprodukt der Vektoren $\vec{a} = \begin{pmatrix} a_1 \\ a_2 \\ a_3 \end{pmatrix}$, und $\vec{b} = \begin{pmatrix} b_1 \\ b_2 \\ b_3 \end{pmatrix}$:

Standardskalarprodukt

$$\vec{a} \circ \vec{b} = \begin{pmatrix} a_1 \\ a_2 \\ a_3 \end{pmatrix} \circ \begin{pmatrix} b_1 \\ b_2 \\ b_3 \end{pmatrix} = a_1 \cdot b_1 + a_2 \cdot b_2 + a_3 \cdot b_3$$

Anmerkung: Dieses Skalarprodukt lässt sich auf beliebige Dimensionen $n \in \mathbb{N}$ übertragen.

$$\vec{a} \circ \vec{b} = \begin{pmatrix} 2 \\ 1 \\ -3 \end{pmatrix} \circ \begin{pmatrix} 4 \\ 1 \\ 2 \end{pmatrix} = 8 + 1 - 6 = 3$$

Beispiel

2 Längen- und Winkelmessung

Im Folgenden wird mithilfe des Standardskalarprodukts definiert, wie man die Länge eines Vektors und den Winkel zwischen zwei Vektoren bestimmt. Diese Definitionen werden dann in den euklidischen Punktraum übernommen.

2.1 Betrag eines Vektors

Jedem Vektor $\vec{a} \in V$ soll zunächst eine nichtnegative Zahl als **Betrag** zugeordnet werden. Interpretieren wir den Vektor geometrisch, so spricht man von der **Länge** des Vektors. Da für jeden Vektor a gilt: $\vec{a} \circ \vec{a} = \vec{a}^2 > 0$, legt man fest:

> **Länge eines Vektors**
> Unter dem **Betrag** (bzw. der **Länge**) eines Vektors verstehen wir die reelle Zahl $|\vec{a}| = \sqrt{\vec{a}^2} = \sqrt{\vec{a} \circ \vec{a}}$.
> Ein Vektor, dessen Betrag 1 ist, heißt **Einheitsvektor**.

Anmerkung:
Zu jedem Vektor $\vec{a}$ gibt es die beiden Einheitsvektoren
$\vec{a}^0 = \frac{1}{|\vec{a}|} \cdot \vec{a}$ bzw. $\vec{a}^0 = -\frac{1}{|\vec{a}|} \cdot \vec{a}$

Beispiel 1. Bestimme die Länge der Vektoren

$$\vec{a} = \begin{pmatrix} -2 \\ 1 \\ 2 \end{pmatrix}, \vec{b} = \begin{pmatrix} 4 \\ 0 \\ 1 \end{pmatrix} \text{ und } \vec{c} = \begin{pmatrix} 0{,}6 \\ 0{,}8 \\ 0 \end{pmatrix}.$$

Lösung:

$$|\vec{a}| = \sqrt{\vec{a} \circ \vec{a}} = \sqrt{4+1+4} = \sqrt{9} = 3$$

$$|\vec{b}| = \sqrt{\vec{b} \circ \vec{b}} = \sqrt{16+0+1} = \sqrt{17}$$

$$|\vec{c}| = \sqrt{\vec{c} \circ \vec{c}} = \sqrt{0{,}36+0{,}64+0} = \sqrt{1} = 1$$

2. Bestimme einen Einheitsvektor $\vec{a}^0$ zum Vektor $\vec{a} = \begin{pmatrix} 6 \\ 2 \\ 3 \end{pmatrix}$.

   Lösung:

   Es gilt:

   $|\vec{a}| = \sqrt{36+4+9} = \sqrt{49} = 7$

   $\Rightarrow \quad \vec{a}^0 = \frac{1}{7}\begin{pmatrix} 6 \\ 2 \\ 3 \end{pmatrix}$ bzw. $\vec{a}^0 = -\frac{1}{7}\begin{pmatrix} 6 \\ 2 \\ 3 \end{pmatrix}$

2.2 Winkel zwischen zwei Vektoren

Die Definition des Winkels entspricht dem folgenden Beispiel aus der Physik:

Für die Arbeit W gilt dort:

$W = \vec{F} \circ \vec{s} = |\vec{F}| \cdot |\vec{s}| \cdot \cos\varphi$ mit $\varphi = \sphericalangle(\vec{F}, \vec{s})$

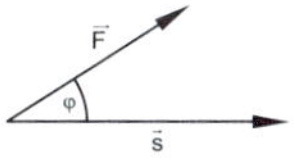

$\Rightarrow \quad \cos\varphi = \frac{\vec{F} \circ \vec{s}}{|\vec{F}| \cdot |\vec{s}|}$

Diese Definition des Winkels überträgt man auf beliebige Vektoren:

Winkel zwischen zwei Vektoren

Aus

$\vec{a} \circ \vec{b} = |\vec{a}| \cdot |\vec{b}| \cdot \cos\varphi$

folgt

$\cos\varphi = \frac{\vec{a} \circ \vec{b}}{|\vec{a}| \cdot |\vec{b}|}, \; \varphi = \sphericalangle(\vec{a}, \vec{b})$

und

$0° \leq \varphi \leq 180°$

Beispiel Bestimme jeweils den Winkel zwischen den Vektoren $\vec{a}$ und $\vec{b}$:

1. $\vec{a} = \begin{pmatrix} 2 \\ 1 \\ 2 \end{pmatrix}; \vec{b} = \begin{pmatrix} 2 \\ 2 \\ -1 \end{pmatrix}$

   Lösung:

   $\vec{a} \circ \vec{b} = 4 + 2 - 2 = 4;\ |\vec{a}| = \sqrt{4+1+4} = 3;$

   $|\vec{b}| = \sqrt{4+4+1} = 3$

   $\Rightarrow \quad \cos\varphi = \frac{4}{3 \cdot 3} = \frac{4}{9} \quad \Rightarrow \quad \varphi = 63{,}61°$

2. $\vec{a} = \begin{pmatrix} 2 \\ 4 \\ -2 \end{pmatrix}; \vec{b} = \begin{pmatrix} 4 \\ -1 \\ 2 \end{pmatrix}$

   Lösung:

   $\vec{a} \circ \vec{b} = 8 - 4 - 4 = 0 \Rightarrow \quad \cos\varphi = 0 \quad \Rightarrow \quad \varphi = 90°$

Senkrechte Vektoren

Die beiden Vektoren $\vec{a}$ und $\vec{b}$ sind genau dann **senkrecht (orthogonal)**, **($\vec{a} \perp \vec{b}$)**, wenn ihr Skalarprodukt gleich Null ist, d. h. $\vec{a} \perp \vec{b} \quad \Leftrightarrow \quad \vec{a} \circ \vec{b} = 0$

Anmerkung: Zu jedem Vektorraum V gibt es eine Basis, dessen Vektoren Einheitsvektoren sind, die aufeinander senkrecht stehen. Eine solche Basis heißt **orthonormierte Basis** oder **Orthonormalbasis**.

3 Euklidische Punkträume

In den affinen Punkträumen haben wir alle geometrischen Eigenschaften wie Lagebeziehungen und Teilverhältnis betrachtet, die ohne Winkel- und Längenmessung auskommen. Gehen wir zum euklidischen Punktraum mit einem rechtwinkligen Koordinatensystem über, können wir eine Geometrie mit Längen, Winkeln und Abständen rechnerisch so betreiben, wie wir sie konstruktiv aus der Mittelstufe kennen. Grundlagen sind der Abstand zweier Punkte, die Winkelmessung und die Bestimmung von Lotrichtungen, die man aus den vorhergehenden Definitionen gewinnen kann.

3.1 Definition des euklidischen Punktraums

Euklidischer Punktraum
Ein Punktraum *P* über einem Vektorraum V mit einer orthonormierten Basis heißt **euklidischer Punktraum**, das zugehörige Koordinatensystem heißt **kartesisches Koordinatensystem**.

Beispiel

Der Raum $\mathbb{R}^2$ ist ein euklidischer Punktraum mit der Basis $B = \{\vec{e}_1, \vec{e}_2\}$ mit $\vec{e}_1 = \binom{1}{0}$ und $\vec{e}_2 = \binom{0}{1}$.

Es gilt: $|\vec{e}_1| = |\vec{e}_2| = 1$ und $\vec{e}_1 \circ \vec{e}_2 = \vec{e}_2 \circ \vec{e}_1 = 0$.

Das Koordinatensystem des $\mathbb{R}^2$ ist rechtwinklig. Die Einheiten auf den Achsen haben die Länge 1.

3.2 Abstand zweier Punkte

Den Abstand zweier Punkte, d. h. die **Länge der Strecke [AB]** erhält man als Länge des Vektors $\overrightarrow{AB}$:

Es gilt:

$\overrightarrow{AB} = \vec{b} - \vec{a}$

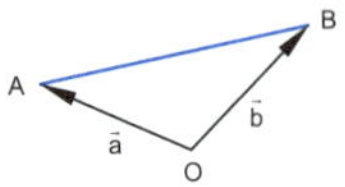

Länge einer Strecke

$|\overrightarrow{AB}| = \sqrt{(\vec{b} - \vec{a})^2}$

Beispiel Bestimme die Länge der Strecke [AB] mit A(1|−4|5) und B(8|0|1).

Lösung:

$$\overrightarrow{AB} = \vec{b} - \vec{a} = \begin{pmatrix} 7 \\ 4 \\ -4 \end{pmatrix} \Rightarrow |\overrightarrow{AB}| = \sqrt{49 + 16 + 16} = \sqrt{81} = 9$$

3.3 Winkel zwischen zwei Geraden

Zwei Geraden g und h bestimmen zwei Winkel. Wir beschränken uns auf den spitzen Winkel.

g: $\vec{x} = \vec{a} + \lambda \cdot \vec{u}$

h: $\vec{x} = \vec{b} + \mu \cdot \vec{v}$

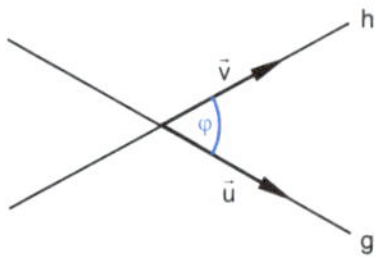

Winkel zwischen zwei Geraden

Unter dem **Winkel zwischen zwei Geraden g und h** versteht man den **spitzen** Winkel φ, den die Richtungsvektoren $\vec{u}$ und $\vec{v}$ einschließen. Es gilt:

$$\cos \varphi = \left| \frac{\vec{u} \circ \vec{v}}{|\vec{u}| \cdot |\vec{v}|} \right|$$

Beispiel

Bestimme den Winkel φ zwischen den Geraden

$$g:\ \vec{x} = \begin{pmatrix} 2 \\ 1 \\ 3 \end{pmatrix} + \lambda \cdot \begin{pmatrix} 1 \\ 0 \\ 1 \end{pmatrix} \text{ und } h:\ \vec{x} = \begin{pmatrix} 5 \\ 0 \\ 4 \end{pmatrix} + \mu \cdot \begin{pmatrix} -2 \\ 1 \\ 0 \end{pmatrix}.$$

Lösung:

$$\vec{u} \circ \vec{v} = \begin{pmatrix} 1 \\ 0 \\ 1 \end{pmatrix} \circ \begin{pmatrix} -2 \\ 1 \\ 0 \end{pmatrix} = -2;$$

$$|\vec{u}| = \sqrt{1+0+1} = \sqrt{2};\quad |\vec{v}| = \sqrt{4+1+0} = \sqrt{5}$$

$$\Rightarrow \quad \cos\varphi = \left| \frac{-2}{\sqrt{2}\cdot\sqrt{5}} \right| \quad \Rightarrow \quad \varphi = 50{,}77°$$

3.4 Winkelhalbierende

Wenn sich zwei Geraden schneiden, gibt es zwei winkelhalbierende Richtungen, wie auf der Skizze zu sehen ist.

$g:\ \vec{x} = \vec{a} + \lambda \cdot \vec{u}$

$h:\ \vec{x} = \vec{b} + \mu \cdot \vec{v}$

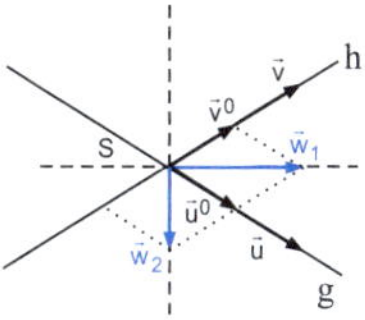

Winkelhalbierende Richtungen, winkelhalbierende Geraden

Für die beiden **winkelhalbierenden Richtungen** gilt:

$$\vec{w}_1 = \vec{u}^0 + \vec{v}^0$$
$$\vec{w}_2 = \vec{u}^0 - \vec{v}^0$$

Zur Kontrolle muss gelten: $\vec{w}_1 \circ \vec{w}_2 = 0$, da $\vec{w}_1 \perp \vec{w}_2$

Für die beiden **Winkelhalbierenden** (winkelhalbierenden Geraden) mit dem Schnittpunkt S ergibt sich:

$$w_1:\ \vec{x} = \vec{s} + \delta \cdot \vec{w}_1$$
$$w_2:\ \vec{x} = \vec{s} + \sigma \cdot \vec{w}_2$$

Beispiel Bestimme die Winkelhalbierenden zu den Geraden

$$g:\ \vec{x}=\begin{pmatrix}4\\2\\8\end{pmatrix}+\lambda\cdot\begin{pmatrix}3\\0\\4\end{pmatrix}\ \text{und h:}\ \vec{x}=\begin{pmatrix}2\\0\\6\end{pmatrix}+\mu\cdot\begin{pmatrix}1\\-2\\2\end{pmatrix}.$$

Lösung:

Die beiden Geraden schneiden sich für $\lambda=\mu=-1$ im Punkt $S(1|2|4)$.

$$\vec{w}_1'=\vec{u}^0+\vec{v}^0=\frac{1}{5}\begin{pmatrix}3\\0\\4\end{pmatrix}+\frac{1}{3}\begin{pmatrix}1\\-2\\2\end{pmatrix}=\frac{1}{15}\left[\begin{pmatrix}9\\0\\12\end{pmatrix}+\begin{pmatrix}5\\-10\\10\end{pmatrix}\right]=\frac{1}{15}\begin{pmatrix}14\\-10\\22\end{pmatrix}$$

$$\Rightarrow\quad \vec{w}_1=\begin{pmatrix}7\\-5\\11\end{pmatrix}$$

$$\vec{w}_2'=\vec{u}^0-\vec{v}^0=\frac{1}{5}\begin{pmatrix}3\\0\\4\end{pmatrix}-\frac{1}{3}\begin{pmatrix}1\\-2\\2\end{pmatrix}=\frac{1}{15}\left[\begin{pmatrix}9\\0\\12\end{pmatrix}-\begin{pmatrix}5\\-10\\-10\end{pmatrix}\right]=\frac{1}{15}\begin{pmatrix}4\\10\\2\end{pmatrix}$$

$$\Rightarrow\quad \vec{w}_2=\begin{pmatrix}2\\5\\1\end{pmatrix}$$

Kontrolle:

$$\vec{w}_1\circ\vec{w}_2=\begin{pmatrix}7\\-5\\11\end{pmatrix}\circ\begin{pmatrix}2\\5\\1\end{pmatrix}=14-25+11=0,\ \text{d. h.}\ \vec{w}_1\perp\vec{w}_2$$

$$w_1:\ \vec{x}=\vec{s}+\delta\cdot\vec{w}_1=\begin{pmatrix}1\\2\\4\end{pmatrix}+\delta\begin{pmatrix}7\\-5\\11\end{pmatrix}$$

$$w_2:\ \vec{x}=\vec{s}+\sigma\cdot\vec{w}_2=\begin{pmatrix}1\\2\\4\end{pmatrix}+\sigma\begin{pmatrix}2\\5\\1\end{pmatrix}$$

4 Vektorprodukt

Ein wesentliches Bestimmungsstück für Lage und Abstände in der euklidischen Geometrie ist die Lotrichtung zu einer Geraden bzw. zu einer Ebene. Eine bevorzugte Möglichkeit zur Bestimmung der Lotrichtung liefert das Vektorprodukt. Es erlaubt aber noch weitere Anwendungen.

4.1 Lotvektoren

Im $\mathbb{R}^2$:

Gesucht ist ein **Lotvektor** bzw. **Normalenvektor** („normal“ veraltet für „senkrecht“) $\vec{n} = \begin{pmatrix} n_1 \\ n_2 \end{pmatrix}$ zu einem Vektor $\vec{a} = \begin{pmatrix} a_1 \\ a_2 \end{pmatrix}$.

Wegen $\vec{a} \circ \vec{n} = 0$ gilt: $\vec{n} = \begin{pmatrix} -a_2 \\ a_1 \end{pmatrix}$ oder $\vec{n} = \begin{pmatrix} a_2 \\ -a_1 \end{pmatrix}$ bzw.

$$\vec{n} = k \cdot \begin{pmatrix} -a_2 \\ a_1 \end{pmatrix} \text{ oder } \vec{n} = k \cdot \begin{pmatrix} a_2 \\ -a_1 \end{pmatrix}.$$

Beispiel

Die Lotvektoren zum Vektor $\vec{a} = \begin{pmatrix} 1 \\ 2 \end{pmatrix}$ sind z. B. $\vec{n} = \begin{pmatrix} -2 \\ 1 \end{pmatrix}$ bzw. $\vec{n} = \begin{pmatrix} 2 \\ -1 \end{pmatrix}$ bzw. $\vec{n} = \begin{pmatrix} 8 \\ -4 \end{pmatrix}$ usw.

Im $\mathbb{R}^3$:

Zu jedem Vektor $\vec{a}$ gibt es unendlich viele Lotrichtungen, dagegen ist die Lotrichtung zu zwei Vektoren eindeutig bestimmt.

Es muss gelten:

$\vec{a} \circ \vec{n} = 0 \wedge \vec{b} \circ \vec{n} = 0$

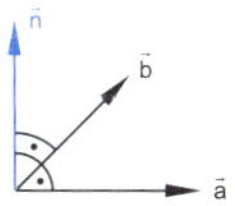

Beispiel Bestimme die Lotrichtung zu den Vektoren

$\vec{a} = \begin{pmatrix} 1 \\ 2 \\ 2 \end{pmatrix}$ und $\vec{b} = \begin{pmatrix} 2 \\ 1 \\ 2 \end{pmatrix}$.

Lösung:

$$\begin{array}{lll} \vec{a} \circ \vec{n} = 0: & (1) & n_1 + 2n_2 + 2n_3 = 0 \\ \vec{b} \circ \vec{n} = 0: & (2) & 2n_1 + n_2 + 2n_3 = 0 \end{array}$$

Eine Variable ist frei wählbar, z. B. $n_1 = 2$

$$\begin{array}{ll} (1) & 2n_2 + 2n_3 = -2 \\ (2) & n_2 + 2n_3 = -4 \end{array}$$

$$\begin{array}{ll} (1)-(2): & n_2 = 2 \\ \text{in } (2): & 2n_3 = -4 - 2 \Rightarrow n_3 = -3 \end{array}$$

$\Rightarrow \quad \vec{n} = \begin{pmatrix} 2 \\ 2 \\ -3 \end{pmatrix}$ ist die Lotrichtung zu den Vektoren $\vec{a}$ und $\vec{b}$, d. h. jeder Vektor $k \cdot \vec{n} = k \cdot \begin{pmatrix} 2 \\ 2 \\ -3 \end{pmatrix}$ ist Lotvektor zu den Vektoren $\vec{a}$ und $\vec{b}$.

4.2 Definition des Vektorprodukts

Eine weitere Möglichkeit zur Bestimmung der Lotrichtung ergibt sich mithilfe des Vektorprodukts. Dieses Produkt ordnet je zwei Vektoren aus V einen Vektor aus V nach der folgenden Vorschrift zu:

Vektorprodukt

Unter dem **Vektorprodukt (Kreuzprodukt) $\vec{a} \times \vec{b}$** zweier Vektoren $\vec{a}$ und $\vec{b}$ versteht man denjenigen Vektor $\vec{n} = \vec{a} \times \vec{b}$, der auf $\vec{a}$ und auf $\vec{b}$ senkrecht steht (in dieser Reihenfolge) und dessen Betrag $|\vec{a} \times \vec{b}|$ mit der Maßzahl des Flächeninhalts des Parallelogramms übereinstimmt, das von den Vektoren $\vec{a}$ und $\vec{b}$ aufgespannt wird. Es gilt:

$$\vec{a} \times \vec{b} = \begin{pmatrix} a_1 \\ a_2 \\ a_3 \end{pmatrix} \times \begin{pmatrix} b_1 \\ b_2 \\ b_3 \end{pmatrix} = \begin{pmatrix} a_2 b_3 - a_3 b_2 \\ a_3 b_1 - a_1 b_3 \\ a_1 b_2 - a_2 b_1 \end{pmatrix}$$

Anmerkungen:

- $\vec{a} \times \vec{b}$ lässt sich auch über die folgende „Determinante" berechnen:

$$\vec{a} \times \vec{b} = \begin{vmatrix} \vec{e}_1 & a_1 & b_1 \\ \vec{e}_2 & a_2 & b_2 \\ \vec{e}_3 & a_3 & b_3 \end{vmatrix}$$

- Wegen $A = |\vec{a}| \cdot |\vec{h}| = |\vec{a}| \cdot |\vec{b}| \cdot \sin\varphi$ gilt:

$$|\vec{a} \times \vec{b}| = |\vec{a}| \cdot |\vec{b}| \cdot \sin\varphi \;\wedge\; \varphi = \sphericalangle(\vec{a}; \vec{b})$$

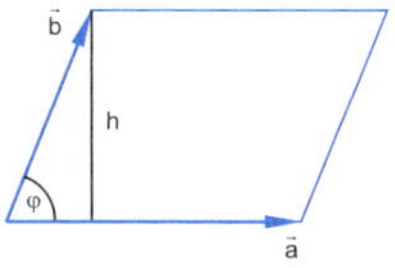

- Es gilt ferner:

$$\vec{a} \times \vec{b} = -(\vec{b} \times \vec{a})$$

$$\vec{a} \times \vec{b} = \vec{0} \;\Leftrightarrow\; \vec{a}, \vec{b} \text{ linear abhängig}$$

Beispiel

$$\vec{a} \times \vec{b} = \begin{pmatrix} 1 \\ 2 \\ 2 \end{pmatrix} \times \begin{pmatrix} 2 \\ 1 \\ 2 \end{pmatrix} = \begin{pmatrix} 4-2 \\ 4-2 \\ 1-4 \end{pmatrix} = \begin{pmatrix} 2 \\ 2 \\ -3 \end{pmatrix}; \quad |\vec{a} \times \vec{b}| = \sqrt{4+4+9} = \sqrt{17}$$

Kontrolle:

$$\begin{pmatrix} 2 \\ 2 \\ -3 \end{pmatrix} \circ \begin{pmatrix} 1 \\ 2 \\ 2 \end{pmatrix} = 2+4-6 = 0 \;\wedge\; \begin{pmatrix} 2 \\ 2 \\ -3 \end{pmatrix} \circ \begin{pmatrix} 2 \\ 1 \\ 2 \end{pmatrix} = 4+2-6 = 0$$

4.3 Anwendungen des Vektorprodukts

Flächeninhalt von Parallelogramm, Dreieck und Vieleck

Aus der Definition des Vektorprodukts ist bekannt, dass der Betrag von $\vec{a} \times \vec{b}$ mit dem Flächeninhalt des von $\vec{a}$ und $\vec{b}$ aufgespannten Parallelogramms übereinstimmt.

Parallelogrammfläche

$$A_P = |\vec{a} \times \vec{b}|$$

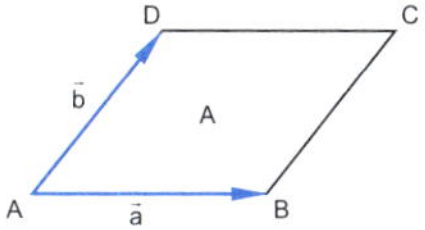

Beispiel $A(3|1|4),\ B(5|5|0),\ D(1|-1|3);\ \vec{a}=\overrightarrow{AB}=\begin{pmatrix}2\\4\\-4\end{pmatrix};\ \vec{b}=\overrightarrow{AD}=\begin{pmatrix}-2\\-2\\-1\end{pmatrix}$

$$A=|\vec{a}\times\vec{b}|=\left|\begin{pmatrix}2\\4\\-4\end{pmatrix}\times\begin{pmatrix}-2\\-2\\-1\end{pmatrix}\right|=\left|\begin{pmatrix}-4-8\\8+2\\-4+8\end{pmatrix}\right|=\left|\begin{pmatrix}-12\\10\\4\end{pmatrix}\right|=$$

$$=\sqrt{144+100+16}=\sqrt{260}\approx 16{,}12\ \text{FE}$$

Die Dreiecksfläche wird als halbe Parallelogrammfläche bestimmt:

Dreiecksfläche

$$A_\Delta=\tfrac{1}{2}|\vec{a}\times\vec{b}|$$

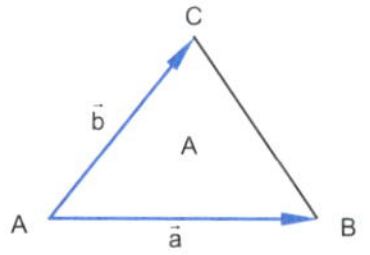

Eine Vielecksfläche ergibt sich als Summe von Dreiecksflächen:

Vielecksfläche

$$A=A_1+A_2+A_3=$$
$$=\tfrac{1}{2}|\overrightarrow{AB}\times\overrightarrow{AC}|+\tfrac{1}{2}|\overrightarrow{AC}\times\overrightarrow{AD}|$$
$$+\tfrac{1}{2}|\overrightarrow{AD}\times\overrightarrow{AE}|$$

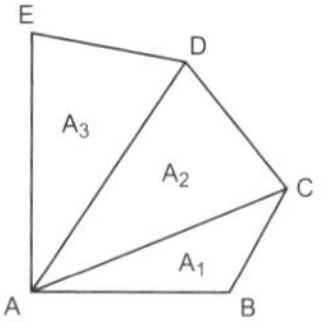

Volumen von Spat und Pyramide

Das Volumen eines Spats wird als Produkt aus Grundfläche und Höhe bestimmt. Die Grundfläche ist $|\vec{a}\times\vec{b}|$, die Höhe ergibt sich als Projektion des Vektors $\vec{c}$ auf $\vec{n}=\vec{a}\times\vec{b}$ (siehe Seite 83). Damit ergibt sich das Spatprodukt:

Spatprodukt (Volumen eines Spats)

$$V=|(\vec{a}\times\vec{b})\circ\vec{c}|=\left|\begin{vmatrix}a_1&b_1&c_1\\a_2&b_2&c_2\\a_3&b_3&c_3\end{vmatrix}\right|$$

Entsprechend gilt auch

$$V=|\vec{a}\circ(\vec{b}\times\vec{c})|$$

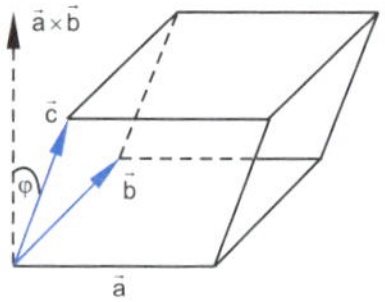

Beispiel

$$\vec{a} = \begin{pmatrix} 2 \\ 1 \\ 3 \end{pmatrix}, \vec{b} = \begin{pmatrix} 6 \\ 0 \\ -2 \end{pmatrix}, \vec{c} = \begin{pmatrix} 1 \\ 1 \\ 1 \end{pmatrix}$$

$$V = \left|\vec{a} \circ (\vec{b} \times \vec{c})\right| = \left|\begin{vmatrix} 2 & 6 & 1 \\ 1 & 0 & 1 \\ 3 & -2 & 1 \end{vmatrix}\begin{matrix} 2 & 6 \\ 1 & 0 \\ 3 & -2 \end{matrix}\right| = \left|18 - 2 + 4 - 6\right| = 14$$

Mit der Volumenformel $V = \frac{1}{3} G \cdot h$ für die Pyramide ergibt sich das Volumen einer Pyramide mit einem Parallelogramm bzw. einem Dreieck als Grundfläche:

Volumen einer Pyramide mit Parallelogramm als Grundläche

$$V = \frac{1}{3} V_{Spat} = \frac{1}{3}\left|(\vec{a} \times \vec{b}) \circ \vec{c}\right| = \\ = \frac{1}{3}\left|\begin{vmatrix} a_1 & b_1 & c_1 \\ a_2 & b_2 & c_2 \\ a_3 & b_3 & c_3 \end{vmatrix}\right|$$

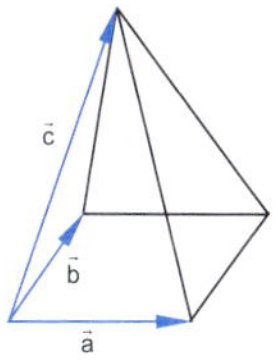

Die dreiseitige Pyramide hat das halbe Volumen der Pyramide mit dem Parallelogramm als Grundfläche. Man erhält:

Volumen einer Pyramide mit Dreieck als Grundfläche

$$V = \frac{1}{3} \cdot \frac{1}{2}\left|(\vec{a} \times \vec{b}) \circ \vec{c}\right| = \frac{1}{6}\left|(\vec{a} \times \vec{b}) \circ \vec{c}\right| \\ = \frac{1}{6}\left|\begin{vmatrix} a_1 & b_1 & c_1 \\ a_2 & b_2 & c_2 \\ a_3 & b_3 & c_3 \end{vmatrix}\right|$$

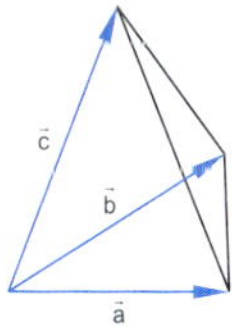

Anmerkung: Falls die Pyramide ein n-Eck als Grundfläche besitzt, kann man die Pyramide in dreiseitige Pyramiden zerlegen.

5 Normalenformen der Ebenengleichung

Die unter dem Kapitel „Ebenengleichungen“ bestimmte parameterfreie Darstellung (Normalenform) hat eine Deutung, die erst jetzt mithilfe eines Lotvektors (Normalenvektors) zur Ebene erfolgen kann. Eine besondere Normalenform, die Hesse-Form, erlaubt die Bestimmung von Winkeln zwischen Ebenen sowie zwischen Geraden und Ebenen und liefert eine einfache Möglichkeit, Abstände von einer Ebene zu bestimmen.

5.1 Normalenvektor in der Ebenengleichung

E: $\vec{x} = \vec{a} + \lambda \cdot \vec{u} + \mu \cdot \vec{v}$ Parameterform der Ebenengleichung

Bestimmt man einen Vektor $\vec{n}$, der auf den Richtungsvektoren $\vec{u}$ und $\vec{v}$ senkrecht steht und multipliziert man die Ebenengleichung skalar mit $\vec{n}$, so erhält man:

$$\vec{n} \circ \vec{x} = \vec{n} \circ \vec{a} + \lambda \cdot \underbrace{\vec{n} \circ \vec{u}}_{0} + \mu \cdot \underbrace{\vec{n} \circ \vec{v}}_{0}$$

Normalenform der Ebenengleichung

E: $\vec{n} \circ \vec{x} = \vec{n} \circ \vec{a}$ bzw. E: $\vec{n} \circ \vec{x} - \vec{n} \circ \vec{a} = 0$

In Koordinatenschreibweise:

$$E: \begin{pmatrix} n_1 \\ n_2 \\ n_3 \end{pmatrix} \circ \begin{pmatrix} x_1 \\ x_2 \\ x_3 \end{pmatrix} = \begin{pmatrix} n_1 \\ n_2 \\ n_3 \end{pmatrix} \circ \begin{pmatrix} a_1 \\ a_2 \\ a_3 \end{pmatrix}$$

$$\Rightarrow \begin{array}{l} E:\ n_1x_1 + n_2x_2 + n_3x_3 - (n_1a_1 + n_2a_2 + n_3a_3) = 0 \\ E:\ n_1x_1 + n_2x_2 + n_3x_3 + n_4 = 0 \end{array}$$

$\vec{n}$ ist ein Vektor, der auf **allen** Vektoren der Ebene E **senkrecht steht**.

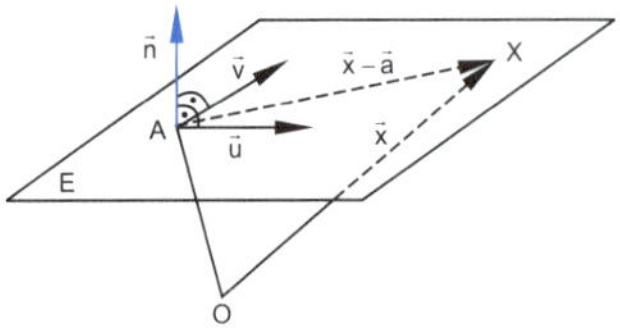

Bestimme eine Normalenform der Ebenengleichung der Ebene E: $\vec{x} = \begin{pmatrix} 2 \\ 1 \\ 3 \end{pmatrix} + \lambda \cdot \begin{pmatrix} 1 \\ 0 \\ 1 \end{pmatrix} + \mu \cdot \begin{pmatrix} 2 \\ 2 \\ -1 \end{pmatrix}$

Beispiel

Lösung:

1. Möglichkeit (siehe Seite 44):

$$\left| \begin{matrix} x_1 - 2 & 1 & 2 \\ x_2 - 1 & 0 & 2 \\ x_3 - 3 & 1 & -1 \end{matrix} \right| \begin{matrix} x_1 - 2 & 1 \\ x_2 - 1 & 0 \\ x_3 - 3 & 1 \end{matrix} =$$

$= 2x_3 - 6 + 2x_2 - 2 - x_1 + 4 + x_2 + 1 = 0$

E: $-2x_1 + 3x_2 + 2x_3 - 5 = 0$ bzw. E: $2x_1 - 3x_2 - 2x_3 + 5 = 0$

2. Möglichkeit:

$$\vec{n} = \begin{pmatrix} 1 \\ 0 \\ 1 \end{pmatrix} \times \begin{pmatrix} 2 \\ 2 \\ -1 \end{pmatrix} = \begin{pmatrix} 0-2 \\ 2+1 \\ 2-0 \end{pmatrix} = \begin{pmatrix} -2 \\ 3 \\ 2 \end{pmatrix}$$

E: $\vec{n} \circ \vec{x} = \vec{n} \circ \vec{a}$

E: $\begin{pmatrix} -2 \\ 3 \\ 2 \end{pmatrix} \circ \vec{x} = \begin{pmatrix} -2 \\ 3 \\ 2 \end{pmatrix} \circ \begin{pmatrix} 2 \\ 1 \\ 3 \end{pmatrix} = -4 + 3 + 6 = 5$

E: $-2x_1 + 3x_2 + 2x_3 - 5 = 0$ bzw. E: $2x_1 - 3x_2 - 2x_3 + 5 = 0$

In Gleichungen von Geraden und Ebenen können auch **Formvariablen** auftreten. Die Wirkung solcher Parameter wird an den folgenden Beispielen erläutert:

Beispiel

1. Geraden

   g_a: $\vec{x} = \begin{pmatrix} 4 \\ 1 \\ 0 \end{pmatrix} + \lambda \cdot \begin{pmatrix} 2a \\ 6 \\ a \end{pmatrix}$ **Geradenbüschel** mit dem Trägerpunkt P(4 | 1 | 0), d. h. P liegt auf allen Geraden g_a.

   g_a: $\vec{x} = \begin{pmatrix} a \\ 2a \\ 1 \end{pmatrix} + \lambda \cdot \begin{pmatrix} 4 \\ 1 \\ 2 \end{pmatrix}$ **Schar paralleler Geraden**, d. h. alle Geraden haben den gleichen Richtungsvektor.

   Die Menge aller (einparametrigen) Punkte $X_a(1 + a \mid 2 - 3a \mid 2)$ stellt eine Gerade dar.
   Es gilt:

   $$\vec{x} = \begin{pmatrix} 1 + a \\ 2 - 3a \\ 2 + 0 \cdot a \end{pmatrix} = \begin{pmatrix} 1 \\ 2 \\ 2 \end{pmatrix} + a \cdot \begin{pmatrix} 1 \\ -3 \\ 0 \end{pmatrix}$$

2. **Ebenen**

E_a: $ax_1 + 2x_2 - x_3 + 4 = 0$ — **Ebenenbüschel** mit gemeinsamer Schnittgerade

E_a: $x_1 + 2x_2 - 2x_3 - a = 0$ — **Schar paralleler Ebenen**, d. h. alle Ebenen besitzen die gleiche Normalenrichtung

Die Menge aller (zweiparametrigen) Punkte $X_{ab}(2 + a + b \mid 4 + b \mid 1 + a)$ stellt eine Ebene dar.
Es gilt:

$$\vec{x} = \begin{pmatrix} 2 + a + b \\ 4 + 0 \cdot a + b \\ 1 + a + 0 \cdot b \end{pmatrix} = \begin{pmatrix} 2 \\ 4 \\ 1 \end{pmatrix} + a \cdot \begin{pmatrix} 1 \\ 0 \\ 1 \end{pmatrix} + b \cdot \begin{pmatrix} 1 \\ 1 \\ 0 \end{pmatrix}$$

5.2 Winkel an Geraden und Ebenen

Gerade – Gerade

Den Schnittwinkel zwischen zwei Geraden haben wir bereits als den spitzen Winkel zwischen den Richtungsvektoren der beiden Geraden bestimmt (siehe Seite 60).

Ebene – Ebene

Schnittwinkel zweier Ebenen

Unter dem Schnittwinkel zweier Ebenen versteht man den **spitzen** Winkel φ, den die Normalenvektoren miteinander einschließen. Es gilt:

$$\cos \varphi = \left| \frac{\vec{n}_1 \circ \vec{n}_2}{|\vec{n}_1| \cdot |\vec{n}_2|} \right|$$

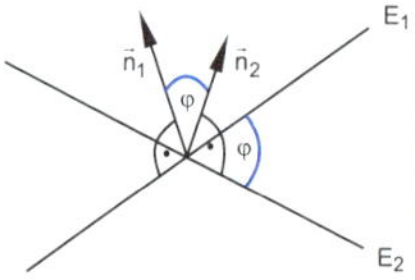

Beispiel

Bestimme den Winkel φ, den die Ebenen
E_1: $5x_1 + 2x_2 - 6x_3 - 12 = 0$ und E_2: $x_1 + 5x_2 + 3x_3 + 4 = 0$
miteinander einschließen.

Lösung:

$$\vec{n}_1 \circ \vec{n}_2 = \begin{pmatrix} 5 \\ 2 \\ -6 \end{pmatrix} \circ \begin{pmatrix} 1 \\ 5 \\ 3 \end{pmatrix} = 5 + 10 - 18 = -3$$

$$|\vec{n}_1| = \sqrt{25+4+36} = \sqrt{65}; \quad |\vec{n}_2| = \sqrt{1+25+9} = \sqrt{35}$$

$$\cos\varphi = \left| \frac{-3}{\sqrt{65} \cdot \sqrt{35}} \right| \quad \Rightarrow \quad \varphi = 86{,}39^\circ$$

Gerade – Ebene

Mit den Bestimmungsstücken von g und E lässt sich nur der Winkel φ' bestimmen, der den gesuchten Winkel φ zu 90° ergänzt.

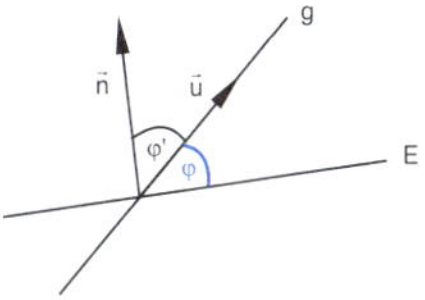

Es gilt:

$$\cos\varphi' = \left| \frac{\vec{u} \circ \vec{n}}{|\vec{u}| \cdot |\vec{n}|} \right| \wedge \varphi = 90^\circ - \varphi'$$

Wegen $\cos\varphi' = \cos(90^\circ - \varphi) = \sin\varphi$ gilt auch direkt für den Schnittwinkel φ:

$$\sin\varphi = \left| \frac{\vec{u} \circ \vec{n}}{|\vec{u}| \cdot |\vec{n}|} \right|$$

Schnittwinkel einer Geraden mit einer Ebene

Unter dem Schnittwinkel φ einer Geraden mit einer Ebene versteht man den Winkel, der den spitzen Winkel φ' zwischen dem Richtungsvektor der Geraden und dem Normalenvektor der Ebene zu 90° ergänzt. Es gilt:

$$\cos\varphi' = \left| \frac{\vec{u} \circ \vec{n}}{|\vec{u}| \cdot |\vec{n}|} \right| \wedge \varphi = 90^\circ - \varphi' \text{ bzw. } \sin\varphi = \left| \frac{\vec{u} \circ \vec{n}}{|\vec{u}| \cdot |\vec{n}|} \right|$$

Beispiel Bestimme den Winkel φ, den die Gerade g: $\vec{x} = \begin{pmatrix}1\\2\\4\end{pmatrix} + \lambda \cdot \begin{pmatrix}2\\2\\1\end{pmatrix}$ und die Ebene E: $x_1 + 2x_2 - 4 = 0$ einschließen.

Lösung:

$$\vec{u} \circ \vec{n} = \begin{pmatrix}2\\2\\1\end{pmatrix} \circ \begin{pmatrix}1\\2\\0\end{pmatrix} = 2 + 4 = 6;$$

$$|\vec{u}| = \sqrt{4+4+1} = 3; \quad |\vec{n}| = \sqrt{1+4+0} = \sqrt{5}$$

$$\cos\varphi' = \left| \frac{6}{3\sqrt{5}} \right| \Rightarrow \varphi' = 26{,}57°$$

$$\Rightarrow \varphi = 90° - \varphi' = 63{,}43°$$

bzw.

$$\sin\varphi = \left| \frac{6}{3\sqrt{5}} \right| \Rightarrow \varphi = 63{,}43°$$

5.3 Hesse-Form der Ebenengleichung

Die Hesse-Form der Ebenengleichung ist eine spezielle Normalenform.

Hesse-Form der Ebenengleichung
Benutzt man zum Aufstellen der Normalenform der Ebenengleichung einen Normaleneinheitsvektor $\vec{n}^0$ so, dass in E: $\vec{n}^0 \circ \vec{x} = \vec{n}^0 \circ \vec{a}$ der Ausdruck $\vec{n}^0 \circ \vec{a} > 0$ gilt, so heißt diese Normalenform **Hesse-Form E_H** der Ebenengleichung.

Anmerkung: $\vec{n}^0 \circ \vec{a} > 0$ besagt, dass in der Ebenengleichung E_H vor dem x-freien Ausdruck stets ein Minuszeichen stehen muss.

Beispiel

1. E: $2x_1 - x_2 - 2x_3 - 9 = 0$

   $|\vec{n}| = 3$

   $\Rightarrow E_H = \frac{1}{3}(2x_1 - x_2 - 2x_3 - 9) = 0$

2. E: $7x_1 - 4x_2 + 4x_3 + 36 = 0$

   $|\vec{n}| = \sqrt{49+16+16} = 9$

   $\Rightarrow E_H = -\frac{1}{9}(7x_1 - 4x_2 + 4x_3 + 36) = 0$

5.4 Abstand eines Punktes von einer Ebene

Mithilfe der Hesse-Form kann man den Abstand eines Punktes P von der Ebene E bestimmen. Eine Herleitung erfolgt anhand der Skizze. Die im Folgenden angesprochenen Anwendungen sind als geometrische Ortsaufgaben formuliert, d. h. als Menge aller Punkte, die eine bestimmte geometrische Eigenschaft besitzen.

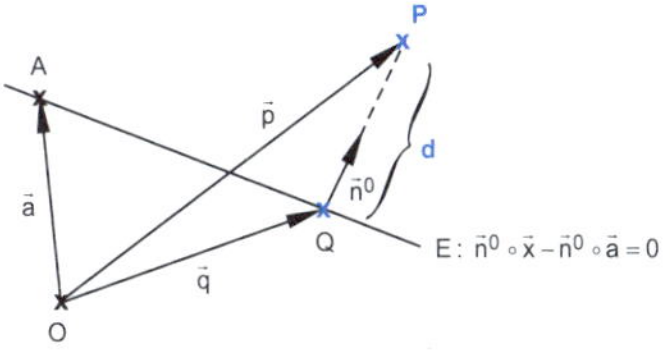

$$\overrightarrow{QP} = d \cdot \vec{n}^0 = \vec{p} - \vec{q}$$

$$\Rightarrow \quad \vec{q} = \vec{p} - d \cdot \vec{n}^0$$

$$Q \in E: \quad \vec{n}^0 \circ \vec{q} - \vec{n}^0 \circ \vec{a} = 0$$

$$\vec{n}^0 \circ (\vec{p} - d \cdot \vec{n}^0) - \vec{n}^0 \circ \vec{a} = 0$$

$$\vec{n}^0 \circ \vec{p} - d \cdot \underbrace{\vec{n}^0 \circ \vec{n}^0}_{1} - \vec{n}^0 \circ \vec{a} = 0$$

$$\Rightarrow \quad d = \vec{n}^0 \circ \vec{p} - \vec{n}^0 \circ \vec{a}$$

Abstand eines Punktes von einer Ebene

Setzt man den Ortsvektor $\vec{p}$ eines Punktes P in die Hesse-Form E_H der Ebenengleichung ein, so erhält man die Maßzahl d des Abstands $|d|$ des Punktes P von der Ebene E.

Es gilt: $\mathbf{d = \vec{n}^0 \circ \vec{p} - \vec{n}^0 \circ \vec{a}}$

$d > 0$: P und O liegen auf **verschiedenen** Seiten der Ebene E.

$d = 0$: $P \in E$

$d < 0$: P und O liegen auf der **gleichen** Seite der Ebene E.

Beispiel 1. Welchen Abstand besitzen der Punkt $P(1|4|-2)$ bzw. $O(0|0|0)$ von der Ebene $E: 6x_1 - 2x_2 + 3x_3 - 27 = 0$?

Lösung:

$\Rightarrow \quad |\vec{n}| = \sqrt{36+4+9} = 7$

$E_H: \frac{1}{7}(6x_1 - 2x_2 + 3x_3 - 27) = 0$

$d_{PE} = \left| \frac{1}{7}(6 \cdot 1 - 2 \cdot 4 + 3 \cdot (-2) - 27) \right| = \left| \frac{1}{7} \cdot (-35) \right| = |-5| = 5$

$\Rightarrow$ P und O liegen auf der gleichen Seite von E.

$d_{OE} = \left| \frac{1}{7}(0 - 0 + 0 - 27) \right| = \left| \frac{1}{7} \cdot (-27) \right| = \frac{27}{7}$

Der Betrag des x-freien Gliedes in der Hesse-Form E_H gibt den Abstand des Ursprungs von der Ebene E an.

2. Bestimme den Abstand des Punktes $P(9|-1|-2)$ von der Ebene $E: x_1 + 8x_2 - 4x_3 + 27 = 0$ und gib die Gleichung einer Lotgeraden ℓ durch P zur Ebene E an.
Bestimme dann diejenigen Punkte $P_1, P_2 \in \ell$, die von E die Entfernung 9 besitzen.

Lösung:

$|\vec{n}| = \sqrt{1+64+16} = 9 \quad \Rightarrow \quad E_H: -\frac{1}{9}(x_1 + 8x_2 - 4x_3 + 27) = 0$

$d_{PE} = \left| -\frac{1}{9}(9 - 8 + 8 + 27) \right| = |-4| = 4$

$\Rightarrow$ P und O liegen auf der gleichen Seite von E.

Die Lotgerade ℓ hat den Normalenvektor $\vec{n}$ der Ebene als Richtungsvektor, d.h. es gilt:

$$\ell: \vec{x} = \begin{pmatrix} 9 \\ -1 \\ -2 \end{pmatrix} + \lambda \cdot \begin{pmatrix} 1 \\ 8 \\ -4 \end{pmatrix}$$

Für die Punkte P_1, P_2 gilt:

$$\vec{p}_{1/2} = \vec{p} \pm q \cdot \vec{n}_E^0 = \begin{pmatrix} 9 \\ -1 \\ -2 \end{pmatrix} \pm 9 \cdot \left(-\frac{1}{9}\right) \cdot \begin{pmatrix} 1 \\ 8 \\ -4 \end{pmatrix}$$

$$\vec{p}_1 = \begin{pmatrix} 9 \\ -1 \\ -2 \end{pmatrix} - \begin{pmatrix} 1 \\ 8 \\ -4 \end{pmatrix} = \begin{pmatrix} 8 \\ -9 \\ 2 \end{pmatrix} \Rightarrow P_1(8|-9|2)$$

$$\vec{p}_2 = \begin{pmatrix} 9 \\ -1 \\ -2 \end{pmatrix} + \begin{pmatrix} 1 \\ 8 \\ -4 \end{pmatrix} = \begin{pmatrix} 10 \\ 7 \\ -6 \end{pmatrix} \Rightarrow P_2(10|7|-6)$$

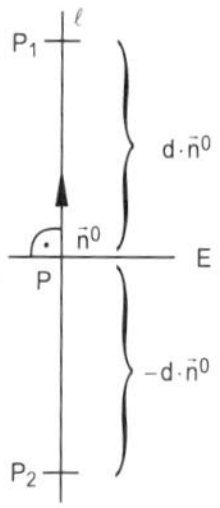

3. Gegeben sind die parallelen Ebenen
E_1: $2x_1 - x_2 + 2x_3 - 6 = 0$ und E_2: $2x_1 - x_2 + 2x_3 + 12 = 0$.
Bestimme den **Abstand der beiden parallelen Ebenen** und gib die Menge aller Punkte X an, die von E_1 und E_2 den gleichen Abstand besitzen.

Lösung:
Jeder Punkt der Ebene E_1 hat von der Ebene E_2 den gesuchten Abstand.
Wir wählen z. B. $P(0|0|3) \in E_1$
E_{2H}: $-\frac{1}{3}(2x_1 - x_2 + 2x_3 + 12) = 0$

$d_{E_1E_2} = d_{PE_2} = \left| -\frac{1}{3}(6+12) \right| = |-6| = 6$

Die Menge aller Punkte X, die von E_1 und E_2 den gleichen Abstand besitzen, liegen auf der **Mittelebene E_M** zu E_1 und E_2.
Für E_M gilt:
E_M: $2x_1 - x_2 + 2x_3 + c = 0$ mit $c = \frac{-6+12}{2} = 3$, wobei c das arithmetische Mittel der x-freien Glieder von E_1 und E_2 ist
$\Rightarrow$ E_M: $2x_1 - x_2 + 2x_3 + 3 = 0$

5.5 Weitere Anwendungen der Hesse-Form

Die Hesse-Form erleichtert das Auffinden der folgenden geometrischen Örter:

(1) Wo liegen alle Punkte X, die von einer Ebene E die Entfernung d besitzen?

> **Parallelebenen zu einer Ebene**
> Sie liegen auf den Parallelebenen T_1, T_2 zu E im Abstand $\pm d$, d. h. es gilt: **T_1, T_2: $E_H = \pm d$**

Beispiel Bestimme die Menge aller Punkte X, die von der Ebene E: $2x_1 + x_2 - 2x_3 - 6 = 0$ den Abstand 4 besitzen.

Lösung:

E_H: $\frac{1}{3}(2x_1 + x_2 - 2x_3 - 6) = 0$

Es muss gelten:

$$\frac{1}{3}(2x_1 + x_2 - 2x_3 - 6) = \pm 4 \quad |\cdot 3$$

$$2x_1 + x_2 - 2x_3 - 6 = \pm 12$$

T_1: $2x_1 + x_2 - 2x_3 - 18 = 0$

T_2: $2x_1 + x_2 - 2x_3 + 6 = 0$

(2) Wo liegen alle Punkte X, die von zwei nicht parallelen Ebenen die gleiche Entfernung besitzen?

Winkelhalbierende Ebenen

Sie liegen auf den winkelhalbierenden Ebenen W_1, W_2, d. h. es gilt: $\mathbf{W_1, W_2: E_{1H} = \pm E_{2H}}$

Zur Kontrolle gilt: $\vec{n}_{W_1} \perp \vec{n}_{W_2}$, d. h. $\vec{n}_{W_1} \circ \vec{n}_{W_2} = 0$

Beispiel Bestimme die winkelhalbierenden Ebenen W_1, W_2 der Ebenen

E_1: $6x_1 + 2x_2 - 3x_3 - 21 = 0$ und E_2: $2x_1 - x_2 + 2x_3 - 6 = 0$.

Lösung:

E_{1H}: $\frac{1}{7}(6x_1 + 2x_2 - 3x_3 - 21) = 0$;

E_{2H}: $\frac{1}{3}(2x_1 - x_2 + 2x_3 - 6) = 0$

Für W_1, W_2 gilt:

$$\frac{1}{7}(6x_1 + 2x_2 - 3x_3 - 21) = \pm\frac{1}{3}(2x_1 - x_2 + 2x_3 - 6) \quad |\cdot 21$$

$$18x_1 + 6x_2 - 9x_3 - 63 = \pm(14x_1 - 7x_2 + 14x_3 - 42)$$

W_1: $4x_1 + 13x_2 - 23x_3 - 21 = 0$

W_2: $32x_1 - x_2 + 5x_3 - 105 = 0$

Kontrolle: $\begin{pmatrix} 4 \\ 13 \\ -23 \end{pmatrix} \circ \begin{pmatrix} 32 \\ -1 \\ 5 \end{pmatrix} = 128 - 13 - 115 = 0$, d. h. $\vec{n}_{W_1} \perp \vec{n}_{W_2}$

5.6 Kreis und Kugel

Wir untersuchen nun das folgende geometrische Ortsproblem:

Wo liegen alle Punkte X, die von einem festen Punkt M die gleiche Entfernung r besitzen?

> **Kugel und Kreis**
> Die Punkte mit der oben genannten Eigenschaft liegen im $\mathbb{R}^3$ auf einer Kugel(fläche), im $\mathbb{R}^2$ auf einem Kreis.
>
> Es gilt: $|\overrightarrow{MX}| = r \quad \Rightarrow \quad |\vec{x} - \vec{m}| = r$
>
> $\Rightarrow$ **K:** $(\vec{x} - \vec{m})^2 = r^2$
>
> In Koordinatenschreibweise für die Kugel/den Kreis:
>
> **K:** $(x_1 - m_1)^2 + (x_2 - m_2)^2 + (x_3 - m_3)^2 = r^2$ **(Kugel)**
>
> **K:** $(x_1 - m_1)^2 + (x_2 - m_2)^2 = r^2$ **(Kreis)**

Eine Ebene E schneidet die Kugel K, wenn der Abstand des Mittelpunktes M der Kugel von der Ebene E kleiner als der Radius r ist.

Beispiel

Bestimme die Gleichung der Kugel K um den Punkt $M(1|4|-3)$ mit dem Radius $r = 3$.
Zeige, dass die Ebene E: $2x_1 - x_2 - 2x_3 - 10 = 0$ die Kugel schneidet und bestimme den Radius ρ des Schnittkreises.

Lösung:
Für die Kugel K gilt: K: $\left[x - \begin{pmatrix} 1 \\ 4 \\ -3 \end{pmatrix}\right]^2 = 9$

E_H: $\frac{1}{3}(2x_1 - x_2 - 2x_3 - 10) = 0$

$d_{ME} = \left|\frac{1}{3}(2 - 4 + 6 - 10)\right| = |-2| = 2 < r$

$\Rightarrow$ Schnitt

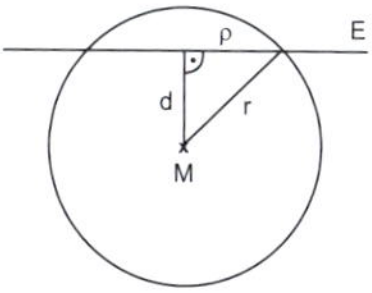

Für den Radius ρ des Schnittkreises gilt:
$\rho^2 = r^2 - d^2 = 9 - 4 = 5 \quad \Rightarrow \quad \rho = \sqrt{5}$

Eine **Ebene T ist Tangentialebene an die Kugel K**, wenn der Abstand des Mittelpunktes M der Kugel von der Ebene T gleich dem Radius r der Kugel ist. Die Gerade durch den Mittelpunkt M und den Berührpunkt B steht senkrecht auf der Tangentialebene T.

Tangentialebene an eine Kugel
Für die Gleichung der Tangentialebene T im Berührpunkt $B(b_1|b_2|b_3)$ gilt: **T: $(\vec{b}-\vec{m})\circ(\vec{x}-\vec{m})=r^2$**

Beispiel Bestimme die Gleichung der Tangentialebene T an die Kugel

K: $\left[\vec{x}-\begin{pmatrix}3\\1\\0\end{pmatrix}\right]^2=9$ im Berührpunkt $B(5|3|-1)$.

Lösung:

$$T:\ (5-3)\cdot(x_1-3)+(3-1)\cdot(x_2-1)+(-1-0)\cdot(x_3-0)=9$$
$$T:\ 2x_1-6+2x_2-2-x_3-9=0$$
$$T:\ 2x_1+2x_2-x_3-17=0$$

oder

$\overrightarrow{MB}$ ist der Normalenvektor der Ebene T:

$$\vec{n}_T=\overrightarrow{MB}=\vec{b}-\vec{m}=\begin{pmatrix}5\\3\\-1\end{pmatrix}-\begin{pmatrix}3\\1\\0\end{pmatrix}=\begin{pmatrix}2\\2\\-1\end{pmatrix}$$

$$T:\begin{pmatrix}2\\2\\-1\end{pmatrix}\circ\vec{x}=\begin{pmatrix}2\\2\\-1\end{pmatrix}\circ\begin{pmatrix}5\\3\\-1\end{pmatrix}=10+6+1=17$$

$$T:\ 2x_1+2x_2-x_3-17=0$$

6 Geometrische Anwendungen

Im Folgenden wenden wir die bisher gewonnenen Berechnungsmöglichkeiten auf geometrische Probleme auch aus der Elementargeometrie an.

6.1 Abstände

Bereits bekannte Abstandsberechnungen werden der Vollständigkeit halber nochmals aufgeführt sowie neue erläutert.

Vom Punkt P zum Punkt Q

Diesen Abstand erhält man als Länge der Strecke [PQ].

$\mathbf{d_{PQ} = |\overrightarrow{PQ}|}$

Vom Punkt P zur Ebene E

Wie bereits hergeleitet, kann man diesen Abstand mithilfe der Hesse-Form bestimmen.

Einsetzen des Punktes P in die Hesseform F_{II}:

$\mathbf{d_{PE} = |d|}$

$d > 0$: P und O auf verschiedenen Seiten von E

$d = 0$: P liegt in E

$d < 0$: P und O auf der gleichen Seite von E

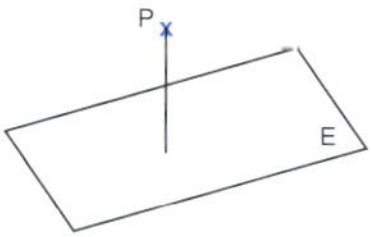

Anmerkung: Mit dem gleichen Verfahren berechnet man den **Abstand paralleler Ebenen** und den **Abstand einer Geraden von einer Ebene**, wenn **g || E** gilt.

Vom Punkt P zur Geraden g

Wir bestimmen den Abstand eines Punktes P von einer Geraden g über die Bestimmung des Fußpunktes L des Lotes von P auf g.

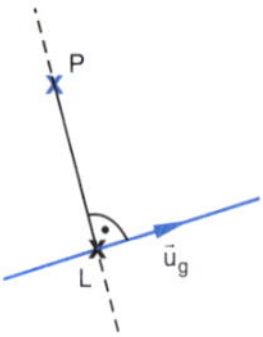

g: $\vec{x} = \vec{a} + \lambda \cdot \vec{u}$

$L \in g$: $L(a_1 + \lambda \cdot u_1 \,|\, a_2 + \lambda \cdot u_2 \,|\, a_3 + \lambda \cdot u_3)$

Der Richtungsvektor $\overrightarrow{PL}$ steht senkrecht auf dem Richtungsvektor $\vec{u}_g$ der Geraden g, d. h.

$\overrightarrow{PL} \circ \vec{u}_g = 0$.

Daraus erhält man den Punkt L.

Dann gilt: $d_{Pg} = d_{PL}$

Anmerkung: Mit dem gleichen Verfahren bestimmt man den **Abstand paralleler Geraden**.

Beispiel Bestimme den Abstand des Punktes P(6 | 5 | 2) von der Geraden

g: $\vec{x} = \begin{pmatrix} 5 \\ 1 \\ 3 \end{pmatrix} + \lambda \cdot \begin{pmatrix} 1 \\ -2 \\ 2 \end{pmatrix}$.

Lösung:

$L \in g$: $L(5 + \lambda \,|\, 1 - 2\lambda \,|\, 3 + 2\lambda) \quad \Rightarrow \quad \overrightarrow{PL} = \begin{pmatrix} -1 + \lambda \\ -4 - 2\lambda \\ 1 + 2\lambda \end{pmatrix}$

$$\overrightarrow{PL} \circ \vec{u}_g = \begin{pmatrix} -1 + \lambda \\ -4 - 2\lambda \\ 1 + 2\lambda \end{pmatrix} \circ \begin{pmatrix} 1 \\ -2 \\ 2 \end{pmatrix} = -1 + \lambda + 8 + 4\lambda + 2 + 4\lambda = 0$$

$$9\lambda = -9$$

$$\Rightarrow \quad \lambda = -1 \quad \Rightarrow \quad L(4 \,|\, 3 \,|\, 1)$$

$$\overrightarrow{PL} = \begin{pmatrix} -2 \\ -2 \\ -1 \end{pmatrix} \quad \Rightarrow \quad d_{Pg} = d_{PL} = |\overrightarrow{PL}| = \sqrt{4 + 4 + 1} = 3$$

Abstand zwischen windschiefen Geraden g und h

g: $\vec{x} = \vec{a} + \lambda \cdot \vec{u}$; h: $\vec{x} = \vec{b} + \mu \cdot \vec{v}$

Die Geraden g und h sind windschief, wenn sie weder parallel sind noch sich schneiden. Zur Bestimmung ihres Abstands stellt man eine **Ebene E** auf, die **g enthält und parallel zu h** verläuft. Der Punkt $B \in h$ hat dann von der Ebene E den gesuchten Abstand, d. h. $\mathbf{d_{gh} = d_{BE}}$. Der Normalenvektor $\vec{n}_E$ der so bestimmten Ebene E ist ein Vektor, der in **Richtung des Abstands** zeigt, d. h. auf g und auf h senkrecht steht.

Fragt man noch nach den beiden Punkten $P_1 \in g$ und $P_2 \in h$, die **Träger dieses Abstands** sind, so erhält man diese wie folgt: Eine **Ebene E'**, die **g enthält** und in **Richtung des Abstands** (d. h. in Richtung von $\vec{n}_E$) **zeigt**, schneidet die Gerade h im gesuchten Punkt P_2. Den Punkt P_1 erhält man als Schnittpunkt der Lotgeraden ℓ: $\vec{x} = \vec{p}_2 + \delta \cdot \vec{n}_E$ mit der Gerade g (siehe Skizze).

Beispiel

Bestimme den Abstand der windschiefen Geraden

g: $\vec{x} = \begin{pmatrix} 2 \\ 1 \\ 6 \end{pmatrix} + \lambda \cdot \begin{pmatrix} 1 \\ 2 \\ -3 \end{pmatrix}$ und h: $\vec{x} = \begin{pmatrix} -1 \\ 2 \\ -4 \end{pmatrix} + \mu \cdot \begin{pmatrix} 0 \\ 1 \\ -1 \end{pmatrix}$.

Lösung:

$$E: \quad \vec{x} = \begin{pmatrix} 2 \\ 1 \\ 6 \end{pmatrix} + \lambda \cdot \begin{pmatrix} 1 \\ 2 \\ -3 \end{pmatrix} + \mu \cdot \begin{pmatrix} 0 \\ 1 \\ -1 \end{pmatrix}$$

$$\Rightarrow \quad \vec{n}_E = \begin{pmatrix} 1 \\ 2 \\ -3 \end{pmatrix} \times \begin{pmatrix} 0 \\ 1 \\ -1 \end{pmatrix} = \begin{pmatrix} -2+3 \\ 0+1 \\ 1-0 \end{pmatrix} = \begin{pmatrix} 1 \\ 1 \\ 1 \end{pmatrix}$$

$$E: \begin{pmatrix} 1 \\ 1 \\ 1 \end{pmatrix} \circ \vec{x} = \begin{pmatrix} 1 \\ 1 \\ 1 \end{pmatrix} \circ \begin{pmatrix} 2 \\ 1 \\ 6 \end{pmatrix} = 2 + 1 + 6 = 9$$

$$\Rightarrow \quad E: x_1 + x_2 + x_3 + -9 = 0$$

$$E_H: \frac{1}{\sqrt{3}} (x_1 + x_2 + x_3 + -9) = 0$$

$B(-1 \,|\, 2 \,|\, -4) \in h$ in E_H:

$$d_{gh} = d_{BE} = \left| \frac{1}{\sqrt{3}} (-1 + 2 - 4 - 9) \right| = \left| \frac{-12}{\sqrt{3}} \right| = 4\sqrt{3}$$

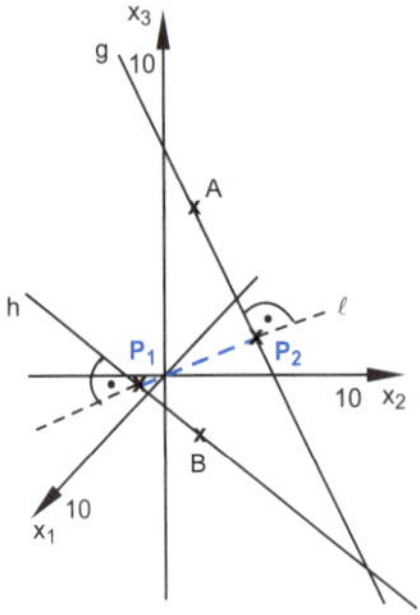

Bestimmung der Punkte P_1 und P_2

$$E': \vec{x} = \begin{pmatrix} 2 \\ 1 \\ 6 \end{pmatrix} + \lambda \cdot \begin{pmatrix} 1 \\ 2 \\ -3 \end{pmatrix} + \sigma \cdot \begin{pmatrix} 1 \\ 1 \\ 1 \end{pmatrix}$$

$$\vec{n}_{E'} = \begin{pmatrix} 1 \\ 2 \\ -3 \end{pmatrix} \times \begin{pmatrix} 1 \\ 1 \\ 1 \end{pmatrix} = \begin{pmatrix} 2+3 \\ -3-1 \\ 1-2 \end{pmatrix} = \begin{pmatrix} 5 \\ -4 \\ -1 \end{pmatrix}$$

$$E': \begin{pmatrix} 5 \\ -4 \\ -1 \end{pmatrix} \circ \vec{x} = \begin{pmatrix} 5 \\ -4 \\ -1 \end{pmatrix} \circ \begin{pmatrix} 2 \\ 1 \\ 6 \end{pmatrix} = $$

$$= 10 - 4 - 6 = 0$$

$$E': 5x_1 - 4x_2 - x_3 = 0$$

h in

$$E': 5 \cdot (-1) - 4(2+\mu) - (-4-\mu) = 0$$

$$-5 - 8 - 4\mu + 4 + \mu = 0$$

$$-3\mu = 9 \quad \Rightarrow \quad \mu = 3$$

$$\Rightarrow \quad P_2(-1|-1|-1)$$

Lotgerade ℓ: $\vec{x} = \vec{p}_2 + \delta \cdot \vec{n}_E = \begin{pmatrix} -1 \\ -1 \\ -1 \end{pmatrix} + \delta \begin{pmatrix} 1 \\ 1 \\ 1 \end{pmatrix}$

$\ell \cap g$:

(1)	$-1+\delta = 2+\lambda$	in (1): $\lambda = 1$
(2)	$-1+\delta = 1+2\lambda$	in (2): $\lambda = 1 \Rightarrow P_1(3|3|3)$
(3)	$-1+\delta = 6-3\lambda$	in (3): $\lambda = 1$
(1)+(2)+(3)	$-3+3\delta = 9 \Rightarrow \delta = 4$	

Kontrolle:

$$d_{gh} = d_{P_1P_2} = \left| \begin{pmatrix} 4 \\ 4 \\ 4 \end{pmatrix} \right| = \sqrt{4^2 + 4^2 + 4^2} = \sqrt{3 \cdot 4^2} = 4\sqrt{3}$$

6.2 Projektionen und Spiegelungen (Symmetrie)

Ein Punkt P wird auf eine Ebene oder auf eine Gerade projiziert oder an ihnen gespiegelt. Ein Punkt, der als Projektion entsteht, heiße P', ein symmetrischer Punkt P''.

Projektion eines Punktes P senkrecht zur Ebene E (Lot „fällen") / Spiegelung eines Punktes P an der Ebene E

Die Lotgerade ℓ durch den Punkt P zur Ebene E schneidet diese im Lotfußpunkt P'.

ℓ: $\vec{x} = \vec{p} + \lambda \cdot \vec{n}_E \cap E = \{P'\}$

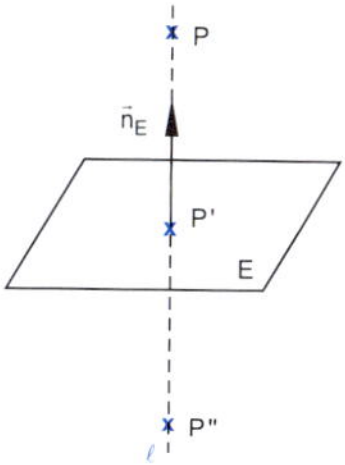

P' ist der Mittelpunkt zwischen den symmetrischen Punkten P und P''.

$\vec{p}\,' = \frac{1}{2}(\vec{p} + \vec{p}\,'') \quad \Rightarrow \quad \vec{p}\,'' = 2\vec{p}\,' - \vec{p}$

oder:

$\vec{p}\,'' = \vec{p} + 2 \cdot \overrightarrow{PP'} = \vec{p}\,' + \overrightarrow{PP'}$

Beispiel

Bestimme die Koordinaten der senkrechten Projektion des Punktes P(8 | 3 | −4) auf die Ebene E: $2x_1 + x_2 - 2x_3 - 9 = 0$ sowie die Koordinaten des bezüglich E symmetrischen Punktes P'' von P.

Lösung:

$$\ell:\ \vec{x} = \begin{pmatrix} 8 \\ 3 \\ -4 \end{pmatrix} + \lambda \cdot \begin{pmatrix} 2 \\ 1 \\ -2 \end{pmatrix} \cap E:$$

$$2(8 + 2\lambda) + (3 + \lambda) - 2(-4 - 2\lambda) - 9 = 0$$

$$16 + 4\lambda + 3 + \lambda + 8 + 4\lambda - 9 = 0$$

$$9\lambda = -18 \quad \Rightarrow \quad \lambda = -2$$

$$\Rightarrow \quad P'(4 | 1 | 0)$$

$$\vec{p}\,'' = 2 \cdot \vec{p}\,' - \vec{p} = \begin{pmatrix} 8 \\ 2 \\ 0 \end{pmatrix} - \begin{pmatrix} 8 \\ 3 \\ -4 \end{pmatrix} = \begin{pmatrix} 0 \\ -1 \\ 4 \end{pmatrix}$$

$\Rightarrow$ P''(0 | −1 | 4)

Projektion eines Punktes P parallel zu einer vorgegebenen Richtung/Spiegelung eines Punktes P an einem Punkt

Die Projektionsgerade h durch den Punkt P hat die Richtung $\vec{u}$.

h: $\vec{x} = \vec{p} + \lambda \cdot \vec{u} \cap E = \{P'\}$

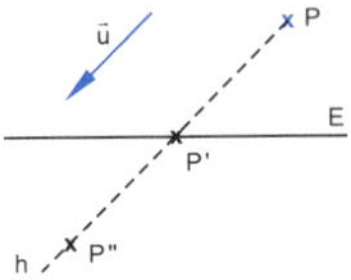

Die Punkte P und P" liegen bezüglich P' punktsymmetrisch zueinander.

$\vec{p}\,' = \frac{1}{2}(\vec{p} + \vec{p}\,'') \quad \Rightarrow \quad \vec{p}\,'' = 2\vec{p}\,' - \vec{p}$

oder:

$\vec{p}\,'' = \vec{p} + 2 \cdot \overrightarrow{PP'} = \vec{p}\,' + \overrightarrow{PP'}$

Beispiel Der Punkt $P(6|7|-3)$ wird parallel zur Richtung $\vec{u} = \begin{pmatrix} 4 \\ 6 \\ -1 \end{pmatrix}$ auf die Ebene E: $2x_1 + x_2 - 2x_3 - 9 = 0$ projiziert. Bestimme die Koordinaten der Projektion P' sowie das Bild P" des an P' gespiegelten Punktes P.

Lösung:

$$h: \vec{x} = \begin{pmatrix} 6 \\ 7 \\ -3 \end{pmatrix} + \lambda \cdot \begin{pmatrix} 4 \\ 6 \\ -1 \end{pmatrix} \cap E:$$

$$2(6 + 4\lambda) + (7 + 6\lambda) - 2(-3 - \lambda) - 9 = 0$$
$$12 + 8\lambda + 7 + 6\lambda + 6 + 2\lambda - 9 = 0$$
$$16\lambda = -16 \quad \Rightarrow \quad \lambda = -1$$
$$\Rightarrow \quad P'(2|1|-2)$$

$$\vec{p}\,'' = 2\vec{p}\,' - \vec{p} = \begin{pmatrix} 4 \\ 2 \\ -4 \end{pmatrix} - \begin{pmatrix} 6 \\ 7 \\ -3 \end{pmatrix} = \begin{pmatrix} -2 \\ -5 \\ -1 \end{pmatrix}$$

$\Rightarrow \quad P''(-2|-5|-1)$

Anmerkung: Eine **Gerade wird projiziert (gespiegelt)**, indem man zwei Punkte projiziert (spiegelt). Eine **Ebene wird projiziert (gespiegelt)**, indem man drei nichtkollineare Punkte projiziert (spiegelt).

Senkrechte Projektion eines Punktes P auf eine Gerade g/ Spiegelung eines Punktes P an einer Geraden g

Die Projektion erfolgt über die Bestimmung des Lotfußpunktes $L \in g$. L ist dann der gesuchte Punkt P'. Man bestimmt den Lotfußpunkt L wie bei der Berechnung des Abstands. Es gilt:

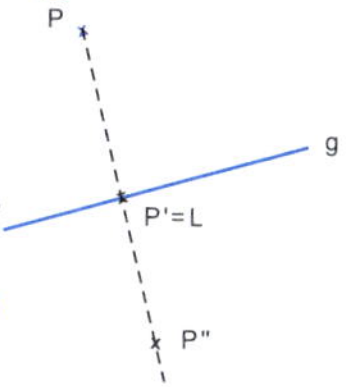

$$L = P' \quad \wedge \quad \vec{p}'' = 2\vec{p}' - \vec{p} = \vec{p} + 2 \cdot \overrightarrow{PP'} = \vec{p}' + \overrightarrow{PP'}$$

Beispiel

Projiziert man den Punkt $P(6|5|2)$ auf die Gerade

$g\colon\ \vec{x} = \begin{pmatrix} 5 \\ 1 \\ 3 \end{pmatrix} + \lambda \cdot \begin{pmatrix} 1 \\ -2 \\ 2 \end{pmatrix}$, so erhält man $P' = L(4|3|1)$ (siehe S. 80).

P" erhält man über $\vec{p}'' = 2\vec{p}' - \vec{p} = \begin{pmatrix} 8 \\ 6 \\ 2 \end{pmatrix} - \begin{pmatrix} 6 \\ 5 \\ 2 \end{pmatrix} = \begin{pmatrix} 2 \\ 1 \\ 0 \end{pmatrix}. \Rightarrow \quad P''(2|1|0)$

Symmetrieebene zu zwei Punkten

Die gesuchte Symmetrieebene kann direkt in der Normalenform angegeben werden.

Die Ebene E soll Symmetrieebene zu den Punkten A und B sein. Dann liegt der Mittelpunkt M der Strecke [AB] in der Ebene E. Die Richtung $\overrightarrow{AB}$ ist die Lotrichtung $\vec{n}_E$ der Ebene E.

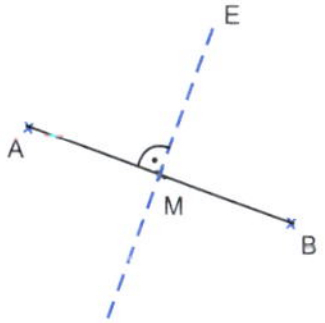

$$\vec{n}_E = \overrightarrow{AB} \quad \wedge \quad M \in E \qquad E\colon\ \vec{n} \circ \vec{x} = \vec{n} \circ \vec{m}$$

Beispiel

Bestimme zu den Punkten $A(2|1|3)$ und $B(6|-1|1)$ die Symmetrieebene E.

Lösung:

$\vec{m} = \frac{1}{2}(\vec{a} + \vec{b}) = \frac{1}{2}\begin{pmatrix} 8 \\ 0 \\ 4 \end{pmatrix} = \begin{pmatrix} 4 \\ 0 \\ 2 \end{pmatrix} \quad \Rightarrow \quad M(4|0|2);$

$\vec{n}_E = \overrightarrow{AB} = \vec{b} - \vec{a} = \begin{pmatrix} 4 \\ -2 \\ -2 \end{pmatrix} = 2 \cdot \begin{pmatrix} 2 \\ -1 \\ -1 \end{pmatrix}$

$E\colon\ \begin{pmatrix} 2 \\ -1 \\ -1 \end{pmatrix} \circ \vec{x} = \begin{pmatrix} 2 \\ -1 \\ -1 \end{pmatrix} \circ \begin{pmatrix} 4 \\ 0 \\ 2 \end{pmatrix} = 8 - 2 = 6$

$E\colon\ 2x_1 - x_2 - x_3 - 6 = 0$

6.3 Figuren aus der Elementargeometrie

Für die Figuren der Elementargeometrie werden die relevanten Eigenschaften zusammengestellt. Besonders ist zu beachten, dass jeder Punkt einer Figur durch seinen **Ortsvektor** in einem Koordinatensystem festgelegt ist. Deshalb sollte man die Bezeichnungen von Seiten mit kleinen lateinischen Buchstaben vermeiden und die Punktbezeichnung verwenden, um Verwechslungen auszuschließen.

Gleichschenklig rechtwinkliges Dreieck und Quadrat

Das Dreieck ABD ist

- rechtwinklig bei A, wenn $\overrightarrow{AB} \circ \overrightarrow{AD} = 0$ gilt,
- gleichschenklig bei A, wenn $|\overrightarrow{AB}| = |\overrightarrow{AD}|$ gilt.

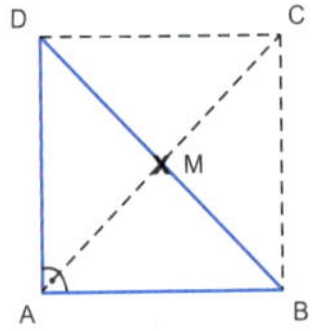

Das **rechtwinklige Dreieck** hat den **Flächeninhalt**

$\mathbf{A_\Delta = \frac{1}{2}|\overrightarrow{AB}| \cdot |\overrightarrow{AD}|}$

Das rechtwinklige Dreieck ABD kann durch einen Punkt C zum Quadrat ergänzt werden.

Für C gilt, wenn $\vec{b}, \vec{c}, \vec{d}$ die Ortsvektoren der Punkte B, C, D sind:

$\vec{c} = \vec{b} + \overrightarrow{AD} = \vec{d} + \overrightarrow{AB}$

Für die **Fläche des Quadrats** gilt:

$\mathbf{A_Q = |\overrightarrow{AB}|^2}$

Der Punkt M, der Schnittpunkt der Diagonalen, ist Mittelpunkt der Strecken [AC] und [BD] sowie Umkreis- und Inkreismittelpunkt:

Umkreisradius $\mathbf{r = |\overrightarrow{AM}|}$

Inkreismittelpunkt $\mathbf{\rho = \frac{1}{2}|\overrightarrow{AB}|}$

Beispiel

Zeige, dass das Dreieck ABD mit A(1 | 2 | –1); B(5 | –2 | 1); D(3 | 6 | 3) bei A rechtwinklig und gleichschenklig ist. Ergänze es dann durch den Punkt C zu einem Quadrat.

Lösung:

$$\overrightarrow{AB} = \begin{pmatrix} 4 \\ -4 \\ 2 \end{pmatrix}, \quad \overrightarrow{AD} = \begin{pmatrix} 2 \\ 4 \\ 4 \end{pmatrix}; \quad \overrightarrow{AB} \circ \overrightarrow{AD} = \begin{pmatrix} 4 \\ -4 \\ 2 \end{pmatrix} \circ \begin{pmatrix} 2 \\ 4 \\ 4 \end{pmatrix} = 8 - 16 + 8 = 0$$

$\Rightarrow$ Dreieck ABD bei A rechtwinklig

$$|\overrightarrow{AB}| = \sqrt{16+16+4} = 6, \quad |\overrightarrow{AD}| = \sqrt{4+16+16} = 6$$

$\Rightarrow$ Dreieck ABD bei A gleichschenklig

$$\vec{c} = \vec{b} + \overrightarrow{AD} = \begin{pmatrix} 5 \\ -2 \\ 1 \end{pmatrix} + \begin{pmatrix} 2 \\ 4 \\ 4 \end{pmatrix} = \begin{pmatrix} 7 \\ 2 \\ 5 \end{pmatrix}$$

$\Rightarrow$ C(7 | 2 | 5) ergänzt das Dreieck ABD zum Quadrat ABCD.

Es gilt:

$$A_{\Delta ABD} = \frac{1}{2} |\overrightarrow{AB}| \cdot |\overrightarrow{AD}| = \frac{1}{2} \cdot 6 \cdot 6 = 18, \text{ d. h. } A_Q = 36$$

$$\vec{m} = \frac{1}{2}(\vec{b} + \vec{d}) = \frac{1}{2} \begin{pmatrix} 8 \\ 4 \\ 4 \end{pmatrix} = \begin{pmatrix} 4 \\ 2 \\ 2 \end{pmatrix}$$

$\Rightarrow$ M(4 | 2 | 2) Mittelpunkt von Umkreis und Inkreis.

$$\text{Umkreisradius } r = |\overrightarrow{AM}| = |\vec{m} - \vec{a}| = \left| \begin{pmatrix} 3 \\ 0 \\ 3 \end{pmatrix} \right| = \sqrt{9+0+9} = \sqrt{18} = 3\sqrt{2}$$

$$\text{Inkreisradius } \rho = \frac{1}{2} |\overrightarrow{AB}| = \frac{1}{2} \cdot 6 = 3$$

Über der Figur aus Dreieck und Quadrat kann man **Pyramiden**, über Inkreis und Umkreis des Quadrats auch **Kegel** errichten. Wenn es sich um gerade Pyramiden und gerade Kegel handelt, kann man Volumen und Oberfläche elementargeometrisch berechnen.

Es gilt:

Höhe $h = |\overrightarrow{MS}|$

$\mathbf{V = \frac{1}{3} G \cdot h}$ mit

$\mathbf{G = A_Q}$ (Pyramide)
$\mathbf{G = r^2 \pi}$ (Umkreiskegel)
$\mathbf{G = \rho^2 \pi}$ (Inkreiskegel)

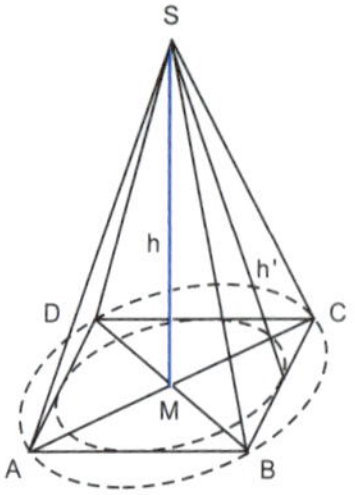

Oberfläche einer Pyramide aus Grundfläche und vier Seitenflächen:

$\mathbf{O_{Pyr} = G + 4 \cdot A_\Delta}$, wobei die Seitenflächenhöhe h' mit dem Satz des Pythagoras bestimmt werden kann.

$\mathbf{O_K = r^2\pi + r\pi m}$, wobei die Mantellinie m mit dem Satz des Pythagoras berechnet werden kann.

Beispiel Die Pyramide mit dem obigen Quadrat als Grundfläche habe die Höhe $h = |\overrightarrow{MS}| = 12$.

Bestimme Volumen und Oberfläche der Pyramide sowie des ein- und umbeschriebenen Kegels.

Lösung:

Für die Seitenflächenhöhe h' (= Mantellinie m des einbeschriebenen Kegels K_{ein}) gilt:

$h'^2 = 3^2 + 12^2 = 153 \quad \Rightarrow \quad h' = m = \sqrt{153} = 3\sqrt{17}$

Für die Mantellinie m' des umbeschriebenen Kegels K_{um} gilt:

$m' = |\overrightarrow{AS}|$: $m'^2 = 18 + 144 = 162 \quad \Rightarrow \quad m' = \sqrt{162} = 9\sqrt{2}$

Damit erhält man:

$V_{Pyr} = \frac{1}{3} \cdot G \cdot h = \frac{1}{3} \cdot 6^2 \cdot 12 = 144$

$V_{K_{ein}} = \frac{1}{3} \cdot \rho^2\pi \cdot h = \frac{1}{3} \cdot 3^2 \cdot \pi \cdot 12 = 36\pi$

$V_{K_{um}} = \frac{1}{3} \cdot r^2\pi \cdot h = \frac{1}{3} \cdot 18 \cdot \pi \cdot 12 = 72\pi$

$$O_{Pyr} = G + 4 \cdot A_{\Delta ABS} = 36 + 4 \cdot \tfrac{1}{2} \cdot 6 \cdot 3\sqrt{17} = 36 + 36\sqrt{17} = $$
$$= 36(1+\sqrt{17})$$

$$O_{K_{ein}} = \rho^2\pi + \rho\pi m = 9\pi + 3 \cdot \pi \cdot 3\sqrt{17} = 9\pi + 9\pi\sqrt{17} =$$
$$= 9\pi(1+\sqrt{17})$$
$$O_{K_{um}} = r^2\pi + r\pi m' = 18\pi + 3\sqrt{2}\pi \cdot 9\sqrt{2} = 18\pi + 54\pi = 72\pi$$

Wird eine Pyramide (ein Kegel) von einer Parallelebene zur Grundfläche geschnitten, so entstehen ein **Pyramidenstumpf (Kegelstumpf)** und eine Ergänzungspyramide (Ergänzungskegel).
In der Skizze ist ein Schnitt durch Spitze und Grundflächenmittelpunkt von Pyramide bzw. Kegel dargestellt.

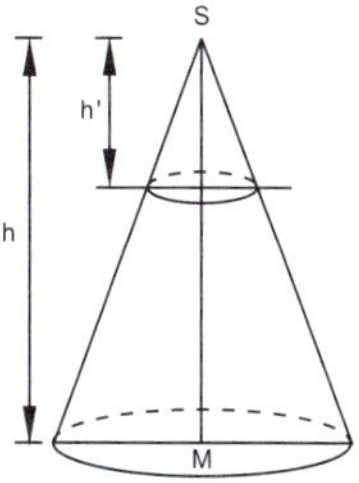

Gilt $\frac{h'}{h} = k$, dann ist die Voraussetzung einer zentrischen Streckung erfüllt, d. h. Längen verhalten sich so wie der Abbildungsfaktor k, Flächen wie das Quadrat k^2 und Volumina wie die 3. Potenz k^3 des Abbildungsfaktors.

Beispiel

Die Höhe wird durch die Parallelebene zur Grundfläche im Verhältnis 2 : 3 geteilt (siehe Skizze). In welchem Verhältnis stehen die Volumina der abgeschnittenen Spitze und des Stumpfs?

Lösung:
Es gilt:

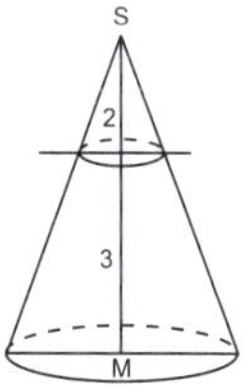

$$\frac{V_{Spitze}}{V_{ges}} = \left(\frac{2}{5}\right)^3 = \frac{8}{125} \Rightarrow V_{Sp} = \frac{8}{125} V_{ges}$$

$$V_{Stumpf} = V_{ges} - V_{Spitze} = \frac{117}{125} V_{ges}$$

$$\Rightarrow V_{Sp} : V_{St} = 8 : 117$$

Anmerkungen:

- Die Überlegungen bei Dreieck und Quadrat für Pyramiden und Kegel gelten bei den Grundflächen Rechteck, Raute, Drachenviereck, Parallelogramm und Trapez entsprechend.
- Alle Flächen lassen sich auch wie auf den Seiten 65 und 66 mit dem Vektorprodukt bestimmen.
- Für beliebige Pyramiden (Kegel) ist die Höhe der Abstand der Spitze S von der Grundflächenebene.

Rechtwinkliges Dreieck und Rechteck

Das Dreieck ABD ist rechtwinklig, aber nicht gleichschenklig, d. h. es gilt:

$\overrightarrow{AB} \circ \overrightarrow{AD} = 0$ **und** $|\overrightarrow{AB}| \neq |\overrightarrow{AD}|$

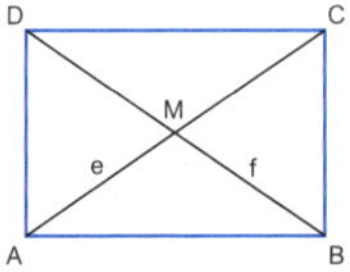

Das Dreieck ABD kann zu einem Rechteck ABCD ergänzt werden.
Für den Punkt C gilt:
$\vec{c} = \vec{b} + \overrightarrow{AD} = \vec{d} + \overrightarrow{AB}$, wenn $\vec{b}, \vec{c}, \vec{d}$ die Ortsvektoren der Punkte B, C, D sind.

Das **rechtwinklige Dreieck ABD** hat den **Flächeninhalt** $A_\Delta = \frac{1}{2}|\overrightarrow{AB}| \cdot |\overrightarrow{AD}|$, das **Rechteck den Flächeninhalt** $A_R = |\overrightarrow{AB}| \cdot |\overrightarrow{AD}|$.

Das **Rechteck** hat einen **Umkreis** mit dem **Radius** $r = \frac{1}{2} \cdot |\overrightarrow{AC}| = |\overrightarrow{AM}|$, wenn M der Diagonalenschnittpunkt ist.

Gleichschenkliges Dreieck und Raute

Das Dreieck ABD ist gleichschenklig, aber nicht rechtwinklig, d. h.:

$|\overrightarrow{AB}| = |\overrightarrow{AD}|$ **und** $\overrightarrow{AB} \circ \overrightarrow{AD} \neq 0$

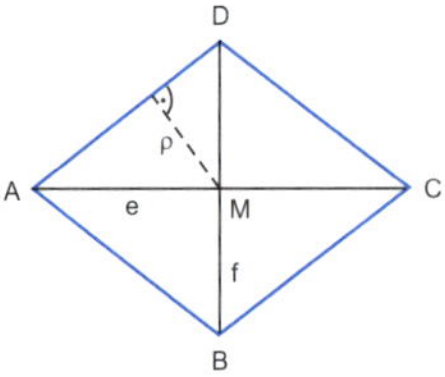

Das Dreieck ABD kann zu einer Raute ABCD ergänzt werden.
Für den Punkt C gilt:
$\vec{c} = \vec{b} + \overrightarrow{AD} = \vec{d} + \overrightarrow{AB}$, wenn $\vec{b}, \vec{c}, \vec{d}$ die Ortsvektoren der Punkte B, C, D sind.

Die Diagonalen e = [AC] und f = [BD] halbieren einander rechtwinklig, d. h. für die **Fläche der Raute** gilt:

$$A_{Raute} = \frac{1}{2} \cdot e \cdot f = \frac{1}{2} \cdot \left|\overrightarrow{AC}\right| \cdot \left|\overrightarrow{BD}\right|$$

Die Raute hat einen Inkreis mit dem Radius ρ = Abstand des Mittelpunktes M von der Geraden AD (siehe Abstandsbestimmung eines Punktes von einer Geraden). Für die Fläche der Raute gilt mit dem Inkreisradius ρ:

$$A_{Raute} = \frac{1}{2}\left|\overrightarrow{AD}\right| \cdot \rho \cdot 4 = 2\rho \cdot \left|\overrightarrow{AD}\right|$$

Unterschiedliche gleichschenklige Dreiecke und Drachenvierecke

Die Dreiecke ABC und ACD sind jeweils gleichschenklig mit unterschiedlichen Schenkellängen, d. h. es gilt:

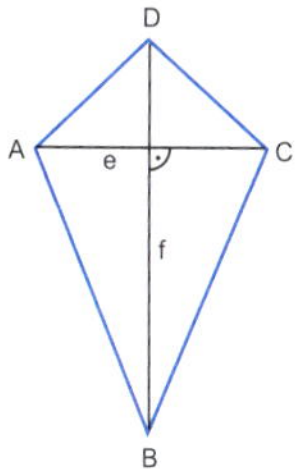

$\left|\overrightarrow{AB}\right| = \left|\overrightarrow{BC}\right|$ **und** $\left|\overrightarrow{AD}\right| = \left|\overrightarrow{DC}\right|$, **aber**

$\left|\overrightarrow{AB}\right| \neq \left|\overrightarrow{AD}\right|$

Die Diagonale f = [BD] halbiert die Diagonale e = [AC] rechtwinklig, d. h. für die **Fläche des Drachenvierecks** gilt:

$$A_{Drach} = \frac{1}{2} \cdot e \cdot f = \frac{1}{2} \cdot \left|\overrightarrow{AC}\right| \cdot \left|\overrightarrow{BD}\right|$$

Beliebiges Dreieck und Parallelogramm

Das Dreieck ABD ist weder rechtwinklig noch gleichschenklig, d. h. es gilt:

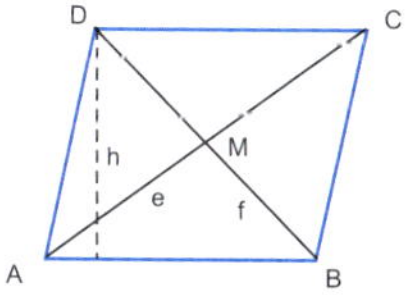

$\overrightarrow{AB} \circ \overrightarrow{AD} \neq 0$ und $\left|\overrightarrow{AB}\right| \neq \left|\overrightarrow{AD}\right|$

Das Dreieck ABD kann zu einem Parallelogramm ABCD ergänzt werden. Für den Punkt C gilt:
$\vec{c} = \vec{b} + \overrightarrow{AD} = \vec{d} + \overrightarrow{AB}$, wenn $\vec{b}, \vec{c}, \vec{d}$ die Ortsvektoren der Punkte B, C, D sind.
Entsprechend kann man das Dreieck ABD zu einem Parallelogramm AEBD ergänzen.

Im **Parallelogramm** gilt:

$\overrightarrow{AB} \parallel \overrightarrow{DC}$, $|\overrightarrow{AB}| = |\overrightarrow{DC}|$ **und** $|\overrightarrow{AD}| = |\overrightarrow{BC}|$

Für den **Flächeninhalt des Parallelogramms** gilt:
$A_{Par} = |\overrightarrow{AB}| \cdot h$, wobei h der Abstand des Punktes D von der Geraden AB ist (siehe Bestimmung des Abstands eines Punktes von einer Geraden).

Trapez

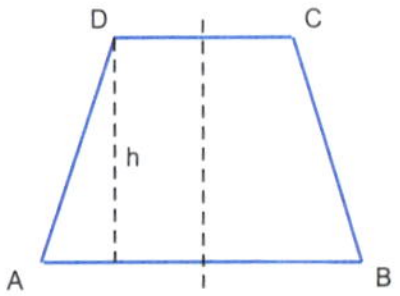

Nur das gleichschenklige Trapez (siehe Skizze) hat eine Symmetrieachse.

Für alle **Trapeze** gilt: $\overrightarrow{AB} \parallel \overrightarrow{DC}$ **und** $|\overrightarrow{AB}| \neq |\overrightarrow{DC}|$, falls es sich nicht um ein Rechteck handelt.
Für den **Flächeninhalt des Trapezes** gilt:
$A_{Tr} = \frac{1}{2}(|\overrightarrow{AB}| + |\overrightarrow{DC}|) \cdot h$, wobei h der Abstand des Punktes D von der Geraden AB ist (siehe Bestimmung des Abstands eines Punktes von einer Geraden).

6.4 Kegelschnitte

Untersucht man die Schnittfiguren von Ebenen mit einem Kegel (mit einer geraden Doppelkegelfläche), wobei die Ebenen die Spitze des Kegels nicht enthalten, so erhält man je nach Neigung der Schnittebene drei verschiedene Kurventypen. Diese Kegelschnitte heißen Ellipse, Parabel oder Hyperbel.

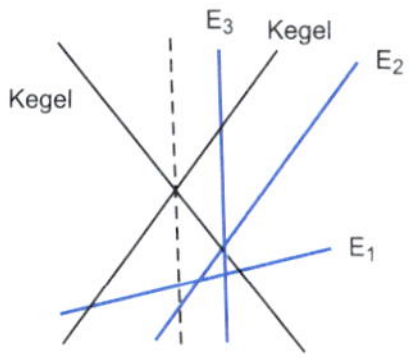

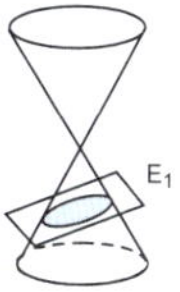

Ellipse

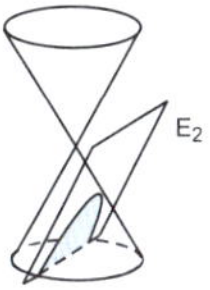

Parabel

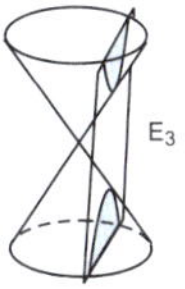

Hyperbel

Enthält die Schnittebene die Kegelspitze, so entstehen entartete oder zerfallende Kegelschnitte.

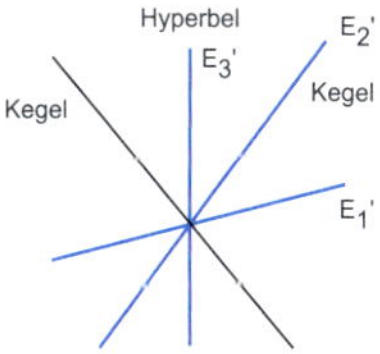

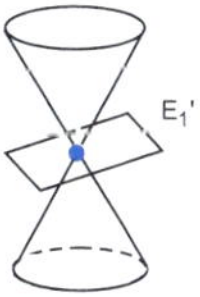

Punkt

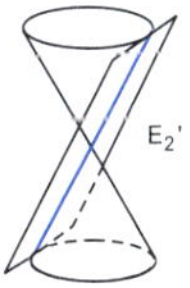

Doppelgerade

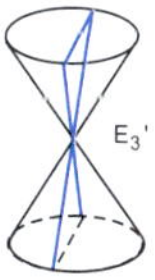

Geradenpaar

Wir wollen im Folgenden die Kegelschnitte als geometrische Ortslinien definieren, d. h. als Menge von Punkten mit einer bestimmten geometrischen Eigenschaft. Die Bezeichnungen für Längen und Punkte sind den jeweiligen Skizzen zu entnehmen.

Ellipse

Die Menge aller Punkte P, für die die Summe der Entfernungen von zwei festen Punkten F'(–e | 0) und F(e | 0) die konstante Länge 2a ist, heißt **Ellipse**. Sie besitzt die Gleichung

$$\frac{x_1^2}{a^2}+\frac{x_2^2}{b^2}=1 \text{ mit } e^2=a^2-b^2$$

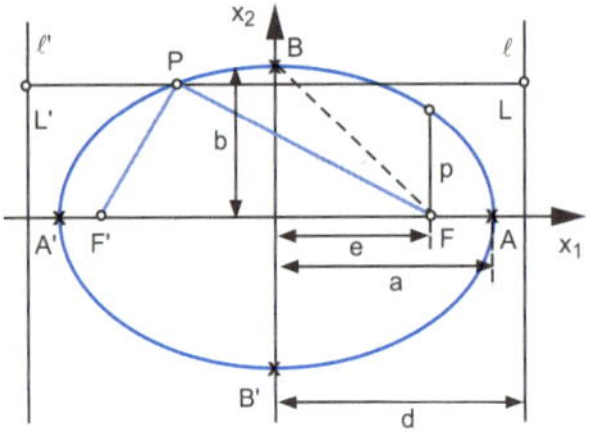

Anmerkungen:

- Die Punkte F' und F heißen **Brennpunkte**, die Geraden AA' bzw. BB' **Haupt-** bzw. **Nebenachse**, a bzw. b **Halbachsen**, e die **lineare Exzentrizität** der Ellipse. Der Ausdruck $p=\frac{b^2}{a}$ heißt der **Formparameter** der Ellipse und gibt den Betrag der Ordinate in den Brennpunkten an.
- Die Fläche der Ellipse berechnet sich über $A=a\cdot b\cdot\pi$.
- Für a = b, d. h. für e = 0 ergibt sich die Gleichung eines Kreises. Die Abweichung der Ellipse von der Kreisform ist bedingt durch den Abstand des Brennpunktes F vom Mittelpunkt M, d. h. abhängig vom Verhältnis ε der linearen Exzentrizität e zur großen Halbachse a.

  $\varepsilon=\frac{e}{a}$ heißt **numerische Exzentrizität**.
- Für $\frac{x_1^2}{a^2}+\frac{x_2^2}{b^2}=0$ entartet die Ellipse zum Punkt M(0 | 0).
- Für einen Mittelpunkt $M(m_1 \mid m_2)$ ergibt sich als Ellipsengleichung $\frac{(x_1-m_1)^2}{a^2}+\frac{(x_2-m_2)^2}{b^2}=1$
- Die **Gleichung der Tangente** in einem Punkt $P(p_1 \mid p_2)$ ergibt sich in der Form $\frac{p_1x_1}{a^2}+\frac{p_2x_2}{b^2}=1$ bzw.

  $$\frac{(p_1-m_1)\cdot(x_1-m_1)}{a^2}+\frac{(p_2-m_2)\cdot(x_2-m_2)}{b^2}=1$$

  Liegt der Punkt P außerhalb der Ellipse, so ergibt die angegebene Gleichung die der **Polaren**, einer Geraden, die die Ellipse in den Berührpunkten der beiden Tangenten schneidet, die man vom Punkt P an die Ellipse legen kann. Der Schnittpunkt dieser beiden Tangenten heißt **Pol**.

- Eine Ellipse kann auch gedeutet werden als die Menge aller Punkte P, für die das Verhältnis der Entfernung von einem festen Punkt F zum Abstand von einer festen Geraden ℓ die Konstante ε mit $0 \le \varepsilon < 1$ ist. Es gilt $\overline{PF} : \overline{PL} = \overline{PF'} : \overline{PL'} = \varepsilon$. Diese **Leitgeraden** ℓ und ℓ' haben vom Mittelpunkt den Abstand $d = \frac{a^2}{e}$.
- Zur Zeichnung der Ellipse kann man die Scheitelkrümmungskreise (siehe Konstruktion im folgenden Beispiel) einzeichnen. Für deren Radien gilt:

  $r_1 = \frac{b^2}{a}$ und $r_2 = \frac{a^2}{b}$

  Die Ellipse verläuft zwischen diesen beiden Berührkreisen.

Beispiel

Gegeben sind die Ellipse E: $\frac{x_1^2}{25} + \frac{x_2^2}{4} = 1$ und der Punkt $P(-4 \mid p_2 > 0)$.
Gib die Bestimmungsstücke der Ellipse sowie die Gleichung der Tangente t im Punkt P an. Zeichne die Ellipse und berechne ihre Fläche.

Lösung:
Bestimmungsstücke:

$M = O;\ a = 5;\ b = 2;\ e^2 = a^2 - b^2 = 9$

$\Rightarrow \quad e = 3;\ \varepsilon = \frac{e}{a} = \frac{3}{5} = 0{,}6;\ p = \frac{b^2}{a} = \frac{4}{5} = 0{,}8;$

$F'(-3 \mid 0),\ F(3 \mid 0);\ r_1 = \frac{b^2}{a} = 0{,}8;\ r_2 = \frac{a^2}{b} = 12{,}5$

Berechnung von p_2:

$$\frac{16}{25} + \frac{p_2^2}{4} = 1 \qquad | \cdot 100$$

$$64 + 25p_2^2 = 100$$

$$p_2^2 = \frac{36}{25} \quad \Rightarrow \quad p_2 = \underset{(-)}{+} 1{,}2$$

Tangente t:

$-\frac{4x_1}{25}+\frac{1{,}2x_2}{4}=1 \qquad |\cdot 100$

$-16x_1+30x_2=100$

t: $8x_1-15x_2+50=0$

Fläche:

$A=a\cdot b\cdot \pi=5\cdot 2\cdot \pi=10\pi$ FE

Zeichnung:

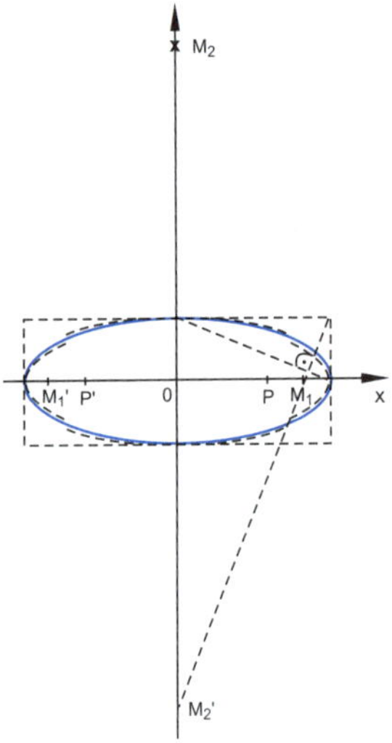

Hyperbel
Die Menge aller Punkte P, für die die Differenz der Entfernungen von zwei festen Punkten F'(–e | 0) und F(e | 0) die konstante Länge 2a ist, heißt **Hyperbel**. Sie besitzt die Gleichung

$\frac{x_1^2}{a^2} - \frac{x_2^2}{b^2} = 1$ mit $e^2 = a^2 + b^2$.

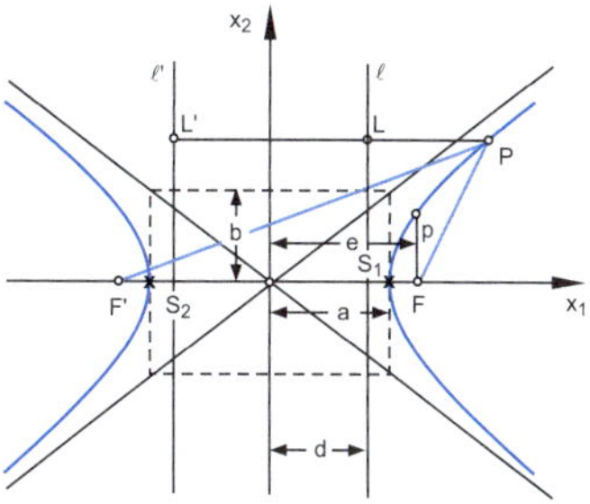

Anmerkungen:

- Die Punkte F' und F heißen **Brennpunkte**, die Verbindungsgerade S_1S_2 **Hauptachse**, a bzw. b **Halbachsen**, e **lineare** und $\varepsilon = \frac{e}{a} > 1$ **numerische Exzentrizität**, $p = \frac{b^2}{a}$ heißt der **Formparameter** der Hyperbel.
- Die Hyperbel mit dem Ursprung O als Mittelpunkt hat die Scheitelpunkte $S_1(-a \mid 0)$ und $S_2(a \mid 0)$ und in diesen die senkrechten Tangenten $x_1 = -a$ bzw. $x_1 = a$.
  Die Geraden $x_2 = \frac{b}{a} \cdot x_1$ bzw. $x_2 = -\frac{b}{a} \cdot x_1$ sind **Asymptoten**.
  Für $a = b$ erhält man eine **gleichschenklige Hyperbel**. Bei ihr stehen die Asymptoten senkrecht aufeinander.
  Für $a < b$ ist die Hauptachse der Hyperbel um 90° gedreht.
  Für $\frac{x_1^2}{a^2} - \frac{x_2^2}{b^2} = 0$ entartet die Hyperbel zu einem Paar sich schneidender Geraden mit den Gleichungen $\frac{x_1}{a} + \frac{x_2}{b} = 0$ und $\frac{x_1}{a} - \frac{x_2}{b} = 0$.
- Für einen Mittelpunkt $M(m_1 \mid m_2)$ ergibt sich als Hyperbelgleichung $\frac{(x_1 - m_1)^2}{a^2} - \frac{(x_2 - m_2)^2}{b^2} = 1$

- Die **Gleichung der Tangente** in einem Punkt $P(p_1 | p_2)$ ergibt sich in der Form $\frac{p_1 x_1}{a^2} - \frac{p_2 x_2}{b^2} = 1$ bzw.
  $\frac{(p_1 - m_1) \cdot (x_1 - m_1)}{a^2} - \frac{(p_2 - m_2) \cdot (x_2 - m_2)}{b^2} = 1$
  Liegt der Punkt P außerhalb der Hyperbel, so ergibt die angegebene Gleichung die der **Polaren**, einer Geraden, die die Hyperbel in den Berührpunkten der beiden Tangenten schneidet, die man vom Punkt P an die Hyperbel legen kann. Der Schnittpunkt der beiden Tangenten heißt **Pol**.
- Eine Hyperbel kann auch gedeutet werden als die Menge aller Punkte P, für die das Verhältnis der Entfernung von einem festen Punkt F zum Abstand von einer festen Geraden ℓ die Konstante ε mit $\varepsilon > 1$ ist.
  Es gilt $\overline{PF} : \overline{PL} = \overline{PF'} : \overline{PL'} = \varepsilon$. Diese Leitgeraden ℓ und ℓ' haben vom Mittelpunkt den Abstand $d = \frac{a^2}{e}$.
- Zur Zeichnung der Hyperbel bestimmt man sich das Rechteck aus den Halbachsen a und die beiden Asymptoten. Ferner kann man den Scheitelkrümmungskreis mit dem Radius $r = \frac{b^2}{a}$ verwenden (siehe Konstruktion im folgenden Beispiel).

Beispiel Gegeben sind die Hyperbel H: $\frac{x_1^2}{64} - \frac{x_2^2}{64} = 1$ und die Gerade g: $3x_1 - x_2 - 36 = 0$. Gib die Bestimmungsstücke der Hyperbel H an, bestimme die Schnittpunkte der Geraden g mit der Hyperbel sowie die Gleichungen der Tangenten in den Schnittpunkten. Zeichne die Hyperbel.

Lösung:
Bestimmungsstücke:
$M = O;\ a = b = 8;\ e^2 = a^2 + b^2 = 128$
$\Rightarrow\ e = 8\sqrt{2};\ \varepsilon = \frac{e}{a} = \frac{8\sqrt{2}}{8} = \sqrt{2};\ p = \frac{b^2}{a} = \frac{64}{8} = 8;$
$F'(-8\sqrt{2} \,|\, 0),\ F(8\sqrt{2} \,|\, 0);\ r = \frac{b^2}{a} = 8$

Schnittpunkt von g und H:

$$
\begin{aligned}
& x_2 && = 3x_1 - 36 \\
\text{in H:}\quad & x_1^2 - x_2^2 && = 64 \\
& x_1^2 - 9x_1^2 + 216x_1 - 36^2 && = 64 \\
& 8x_1^2 - 216x_1 + 1360 && = 0 \\
& x_1 && = \tfrac{1}{16}\left(216 \pm \sqrt{216^2 - 4 \cdot 8 \cdot 1360}\right) \\
& && = \tfrac{1}{16}(216 \pm 56)
\end{aligned}
$$

$x_1 = 17 \quad \vee \quad x_1 = 10$

$x_1 = 51 - 36 = 15 \quad \vee \quad x_1 = 30 - 36 = -6$

$\Rightarrow \quad P_1(10 \,|\, -6),\ P_2(17 \,|\, 15)$

Tangenten:

t_1: $10x_1 + 6x_2 - 64 = 0$ $\qquad$ t_2: $17x_1 - 15x_2 - 64 = 0$

$5x_1 + 3x_2 - 32 = 0$

Zeichnung:

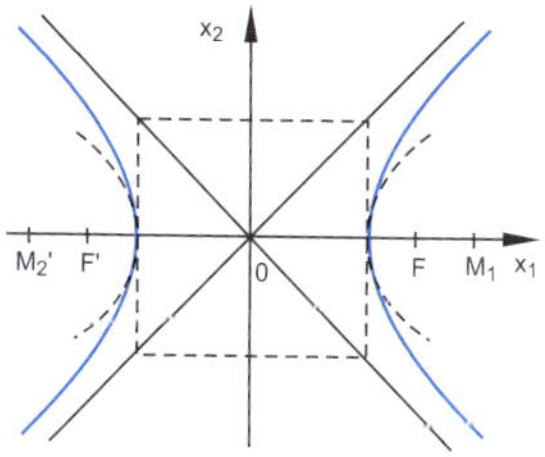

Parabel

Die Menge aller Punkte P, für die der Abstand von einer Leitgeraden ℓ gleich der Entfernung von einem festen Punkt $F\left(\frac{p}{2}\,\middle|\,0\right)$ ist, heißt **Parabel**. Sie besitzt die Gleichung $x_2^2 = 2px_1$.

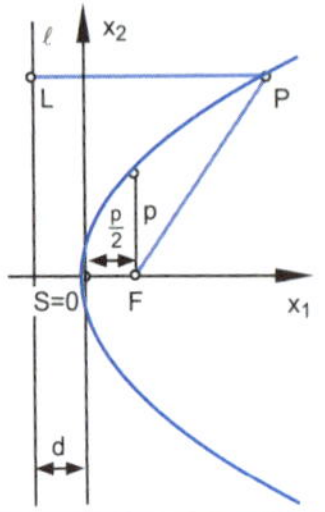

Anmerkungen:

- Der Punkt F heißt **Brennpunkt**, die x_1-Achse ist **Symmetrieachse**, p heißt **Parameter** und der Ursprung **Scheitel** der Parabel. Die Parabel mit obiger Gleichung ist nach rechts geöffnet.
- Die **numerische Exzentrizität** $\varepsilon = \overline{PL} : \overline{PF}$ hat den Wert 1. Für $x_2^2 = 0$, d. h. $p = 0$ entartet die Parabel in eine Doppelgerade.
- Die Leitgerade ℓ hat vom Brennpunkt F den Abstand p, vom Scheitel S den Abstand $\frac{p}{2}$. Die Leitgerade ℓ hat die Gleichung $x_2 = -\frac{p}{2}$.
- Ist der Ursprung der Scheitel, so hat eine nach links geöffnete Parabel die Gleichung $x_2^2 = -2px_2$, eine nach oben geöffnete Parabel $x_1^2 = 2px_2$ und eine nach unten geöffnete Parabel $x_1^2 = -2px_2$.
- Für den Scheitelpunkt $S(s_1 \mid s_2)$ ergibt sich die Parabelgleichung $(x_2 - s_2)^2 = 2p(x - s_1)$.
- Die **Gleichung einer Tangente** in einem Punkt $P(p_1 \mid p_2)$ ergibt sich in der Form $p_2x_2 = p(p_1 + x)$ bzw. $(p_2 - s_2) \cdot (x_2 - s_2) = p(p_2 + x - 2s_1)$.
  Liegt der Punkt P außerhalb der Parabel, so ergibt die angegebene Gleichung die der **Polaren**, einer Geraden, die die Parabel in den Berührpunkten der beiden Tangenten schneidet, die man vom **Pol** P an die Parabel legen kann.
- Zur Zeichnung der Parabel kann man den Scheitelkrümmungskreis mit dem Radius $r = p$ verwenden.

Beispiel

Bestimme die Schnittpunkte S_1 und S_2 der Geraden g: $2x_1 - x_2 - 12 = 0$ mit der Parabel P: $x_2^2 = 4x_1$ sowie die Gleichungen der Tangenten t_1 und t_2 in den Schnittpunkten S_1 und S_2. Bestimme dann die Koordinaten des Pols P*, für den die Gerade g Polare ist und zeichne die Parabel und die Geraden g, t_1 und t_2.

Lösung:

Schnittpunkte:

g: $2x_1 - x_2 - 12 = 0$

$$x_1 = \tfrac{1}{2}x_2 + 6$$

in P:
$$x_2^2 = 4 \cdot \left(\tfrac{1}{2}x_2 + 6\right)$$
$$x_2^2 = 2x_2 + 24$$
$$x_2^2 - 2x_2 - 24 = 0$$
$$x_2 = \tfrac{1}{2}(2 \pm \sqrt{4+96})$$
$$= \tfrac{1}{2}(2 \pm 10)$$
$$x_2 = -4 \vee x_2 = 6$$

Durch Einsetzen in g erhält man: $x_1 = 4 \vee x_1 = 9$

$P_1(4|-4)$; $P_2(9|6)$

Tangenten in P_1, P_2:

t_1:
$$-4x_2 = 2(4 + x_1)$$
$$-4x_2 = 8 + 2x_1$$
$$-2x_1 - 4x_2 - 8 = 0 \quad |:(-2)$$
$$x_1 + 2x_2 + 4 = 0$$

t_2:
$$6x_2 = 2(9 + x_1)$$
$$6x_2 = 18 + 2x_1$$
$$2x_1 - 6x_2 + 18 = 0 \quad |:2$$
$$x_1 - 3x_2 + 9 = 0$$

Der Pol P*(x | y) ist der Schnittpunkt der Tangenten t_1 und t_2:

aus t_1: $x_1 = -2x_2 - 4$

aus t_2: $x_1 = 3x_2 - 9$

$$-2x_2 - 4 = 3x_2 - 9$$
$$-5x_2 = -5$$
$$x_2 = 1$$

$\Rightarrow \; x_1 = -6;$

$\Rightarrow \; P^*(-6 \,|\, 1)$

Zeichnung:

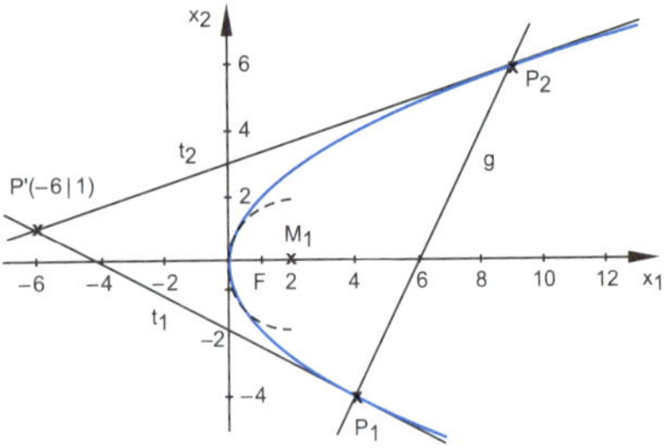

> **Allgemeine Kegelschnittgleichung**
> Die Punkte $P(x_1 \,|\, x_2)$, die eine Gleichung der Form
> $a_1x_1{}^2 + a_2x_2{}^2 + bx_1x_2 + c_1x_1 + c_2x_2 + d = 0$
> erfüllen, bilden eine **allgemeine quadratische Relation**.

Für **$b = 0$**, d. h. wenn das x_1x_2-Glied fehlt, erhalten wir die bisher besprochenen Kegelschnitte mit Achsen, die parallel zu den Koordinatenachsen sind, einschließlich der Entartungen.

Für **$a_1 \cdot a_2 > 0$**, d. h. wenn a_1 und a_2 gleiche Vorzeichen besitzen, erhalten wir eine Ellipse oder einen Punkt oder die leere Menge.

Für $\mathbf{a_1 \cdot a_2 < 0}$, d. h. wenn a_1 und a_2 ungleiche Vorzeichen besitzen, erhalten wir eine Hyperbel oder ein sich schneidendes Geradenpaar.

Für $\mathbf{a_1 \cdot a_2 = 0}$, d. h. für $a_1 = 0 \wedge a_2 \neq 0 \vee a_1 \neq 0 \wedge a_2 = 0$ erhalten wir eine Parabel, ein Parallelenpaar, eine Doppelgerade oder die leere Menge.

Bestimme jeweils die Art der quadratischen Relation: **Beispiel**

1. $4x_1^2 + 25x_2^2 + 24x_1 - 100x_2 + 36 = 0$

   Lösung:

   $4(x_1^2 + 6x_1 + 9) + 25(x^2 - 4x^2 + 4) =$

   $= -36 + 36 + 100 = 100 \quad |:100$

   $$\frac{(x_1+3)^2}{25} + \frac{(x_2-2)^2}{4} = 1$$

   $\Rightarrow$ Ellipse mit dem Mittelpunkt $M(-3\,|\,2)$ und den Halbachsen $a = 5$ und $b = 2$.

2. $4x_1^2 - 9x_2^2 - 32x_1 + 36x_2 - 72 = 0$

   Lösung:

   $4(x_1^2 - 8x_1 + 16) - 9(x_2^2 - 4x^2 + 4) =$

   $= 72 + 64 - 36 = 100 \quad |:100$

   $$\frac{(x_1-4)^2}{25} - \frac{(x_2-2)^2}{\frac{100}{9}} = 1$$

   $\Rightarrow$ Hyperbel mit dem Mittelpunkt $M(4\,|\,2)$ und den Halbachsen $a = 5$ und $b = \frac{10}{3}$.

3. $x_2^2 + 4x_2 - 8x_1 + 36 = 0$

   Lösung:

   $(x_2^2 + 4x_2 + 4) = 8x_1 - 36 + 4$

   $(x_2 + 2)^2 = 8(x_1 - 4)$

   $\Rightarrow$ Parabel nach rechts geöffnet mit dem Scheitel $S(4\,|\,-2)$ und dem Parameter $p = 4$.

4. $4x_1^2 + 6x_2^2 + 4 = 0$

   Lösung:

   $4x_1^2 + 6x_2^2 = -4$

   $\Rightarrow$ Die Relation wird von keinem Punkt erfüllt.

5. $4x_1^2 - 25x_2^2 = 0$

   Lösung:

   $(2x_1 + 5x_2) \cdot (2x_1 - 5x_2) = 0$

   $2x_1 + 5x_2 = 0 \;\vee\; 2x_1 - 5x_2 = 0$ (Geradenpaar)

6. $x_2^2 - 6x_2 + 5 = 0$

   Lösung:

   $(x_2 - 5) \cdot (x_2 - 1) = 0$

   $x_2 = 5 \;\vee\; x_2 = 1$ (parallele Geraden)

Für $\mathbf{b \neq 0}$, d. h. wenn ein x_1x_2-Glied vorhanden ist, erhalten wir wieder einen Kegelschnitt einschließlich der Entartungen. Die Achsen des Kegelschnitts sind aber nicht mehr parallel zu den Koordinatenachsen, d. h. die Achsen sind im Vergleich zu den Koordinatenachsen um den Winkel φ gedreht.

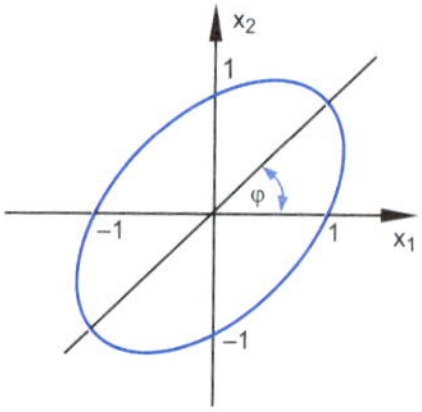

Für diesen Winkel φ gilt:

$\tan 2\varphi = \left| \frac{b}{a_2 - a_1} \right|, \; a_1 \neq a_2$

Beispiel

Um welchen Winkel φ ist die Ellipse $x_1^2 - 2x_1x_2 + 2x_2^2 = 1$ gedreht? Zeichne ihren Graphen.

Lösung:

Winkel φ:

$$\tan 2\varphi = \left| \frac{-2}{2-1} \right| = 2 \quad \Rightarrow \quad \varphi = 31{,}72^\circ$$

Graph:

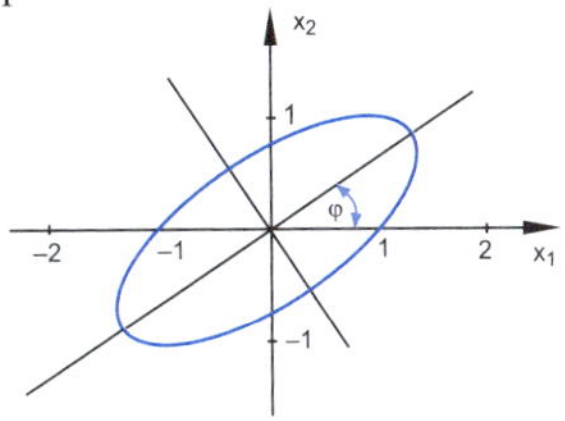

Sphärische Trigonometrie

Himmelsbeobachtungen waren Babyloniern und Ägyptern die ersten Anlässe für die Lösung von Problemen der Kugelgeometrie. Dazu kam im Zeitalter der Seefahrer und Entdecker die sichere Kurs- und Ortsbestimmung auf den Meeren. In der Neuzeit entdeckte man in der Kugelgeometrie ein Modell für eine nichteuklidische Geometrie, d. h. einer Geometrie, in der das berühmte Parallelenaxiom von Euklid: *„Durch einen Punkt P außerhalb einer Geraden g gibt es genau eine Gerade h, die zu g parallel ist"* nicht zutrifft. Dabei wird in dieser Geometrie ein Großkreis als Gerade definiert.

1 Grundbegriffe

Im Folgenden werden alle für eine Geometrie auf einer Kugelfläche benötigten Begriffe definiert und ihre Zusammenhänge erläutert. Dazu gehören auch die Flächenberechnungen am Kugelzweieck und Kugeldreieck.

1.1 Kugel und Ebene

Unter einer **Kugel $K = K(M; r)$** versteht man die Menge aller Punkte P, die vom Punkt M den festen Abstand r besitzen. **M** heißt **Mittelpunkt**, **r Radius** der Kugel **$K = \{P \mid \overline{PM} = r\}$**.
Die **Oberfläche der Kugel** lässt sich über **$O = 4r^2\pi$** und das **Volumen** über **$V = \frac{4}{3}r^3\pi$** berechnen.

Für eine Kugel gilt, dass sie unter allen Körpern mit gleichem Volumen V die kleinste Oberfläche O besitzt.

Schneidet eine Ebene E eine Kugel K, so ist die Schnittfigur ein Kreis mit dem Radius ρ ($\rho \leq r$).

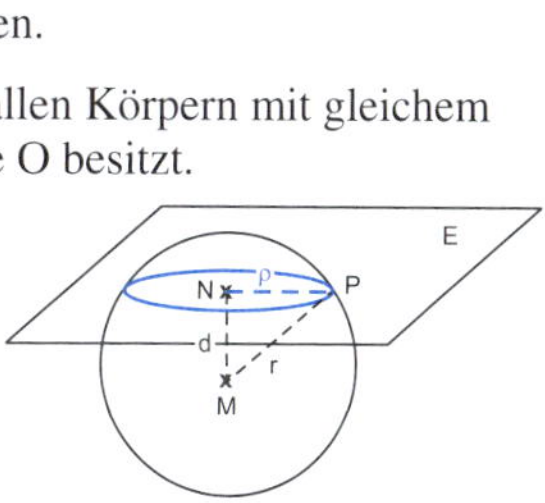

Ist $\rho < r$, enthält also die Ebene E den Mittelpunkt M nicht, so schneidet E die Kugel K in einem **Kleinkreis**. Es gilt:

- Den Radius ρ erhält man mit dem Satz des Pythagoras, wenn d der Abstand des Mittelpunktes M von der Ebene E ist zu $\rho^2 = r^2 - d^2$.
- Durch zwei verschiedene Punkte A und B auf der Kugel K, die nicht Endpunkte eines und desselben Durchmessers sind, gibt es unendlich viele Kleinkreise.

Ist $\rho = r$, so enthält die Ebene E den Mittelpunkt M und E schneidet die Kugel K in einem **Großkreis**. Es gilt:

- Alle Großkreise haben den gleichen Mittelpunkt M und den gleichen Radius r wie die Kugel K. Für den **Umfang u** gilt: $\mathbf{u = 2r\pi}$.
- Zu jedem Punkt P auf einem Großkreis gibt es einen **diametralen Punkt (Gegenpunkt)** P', d. h. einen Punkt P', der mit P einen Durchmesser bestimmt.
- Durch zwei diametrale Punkte einer Kugel gibt es unendlich viele Großkreise. Liegen zwei Punkte A und B nicht diametral, so legen diese genau einen Großkreis fest.
- Man wählt einen beliebigen Großkreis auf der Kugel aus und bezeichnet ihn als **Äquator**. Alle Großkreise, die auf diesem senkrecht stehen, heißen **Meridiane**. Wir wählen einen aus und bezeichnen ihn als **Nullmeridian**, seinen Schnittpunkt A mit dem Äquator als **Nullpunkt**.

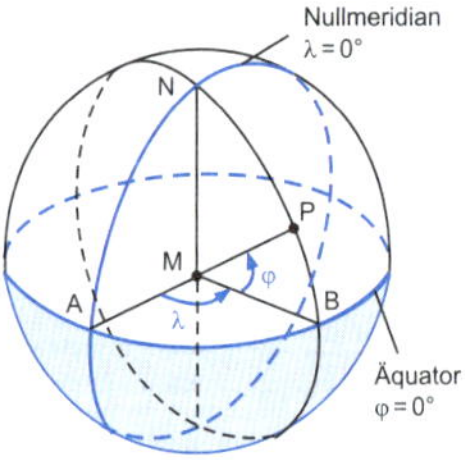

Jeder Punkt P auf der Kugeloberfläche kann durch die Winkel $\lambda = \sphericalangle AMB$ und $\varphi = \sphericalangle BMP$ eindeutig festgelegt werden. Damit ist die Lage jedes Punktes der Kugelfläche durch seine **Koordinaten P(λ; φ)** bestimmt. Alle Punkte mit gleichem λ liegen auf demselben Längenkreis, alle Punkte mit gleichem φ auf demselben Breitenkreis. Der Winkel $90° - \varphi$ heißt auch **Polhöhe**.

Wird der Mittelpunkt M als Ursprung eines kartesischen Koordinatensystems mit den Achsen OX_1, OX_2, OX_3 mit $X_1(0°; 0°)$, $X_2(90°; 0°)$ und $X_3(0°; 90°)$ gewählt, so gilt für den **Ortsvektor**

$$\overrightarrow{OP} = \begin{pmatrix} r \cdot \cos\lambda \cos\varphi \\ r \cdot \sin\lambda \cos\varphi \\ r \cdot \sin\varphi \end{pmatrix}.$$

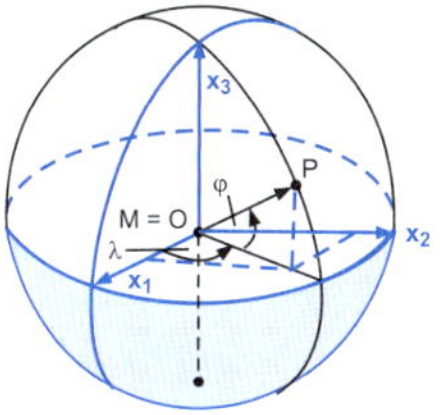

1.2 Sphärischer Abstand zweier Punkte

Geht ein Kleinkreis auf einer Kugel K durch zwei Punkte A und B, so legen diese genau einen Großkreis fest. Zu jedem dieser beiden Kreise gehört ein Kreisbogen über der Sehne [AB].

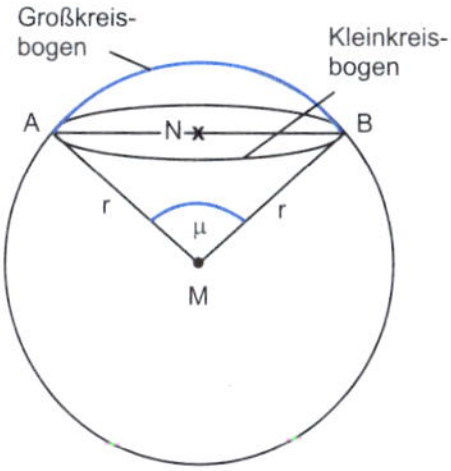

Sphärischer Abstand zweier Punkte

Der Großkreisbogen $\overset{\frown}{AB}$ ist auf der Kugeloberfläche die kürzeste Verbindung, der **sphärische Abstand** der Punkte A und B. Er wird durch den Mittelpunktswinkel μ (im Bogenmaß) und den Radius r der Kugel gemessen. Es gilt:

$$L_{\overset{\frown}{AB}} = \mu \cdot r$$

Der sphärische Abstand zweier Gegenpunkte P und P' beträgt $L_{\overset{\frown}{PP'}} = r \cdot \pi$. **Beispiel**

1.3 Kugelzweieck und Eigenschaften

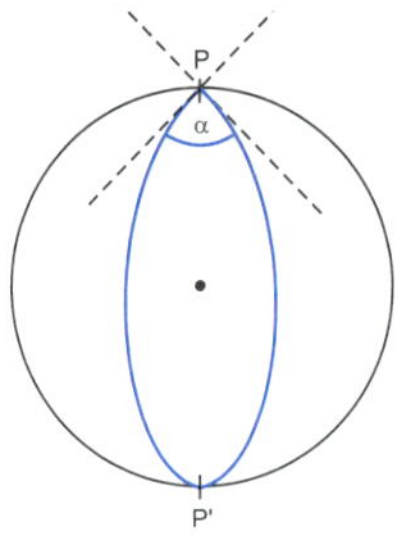

P und P' seien zwei Gegenpunkte (diametrale Punkte) auf einer Kugel K. Verbindet man die Punkte P und P' durch zwei Großkreisbögen, so entsteht ein **Kugelzweieck (sphärisches Zweieck)**.
P und P' heißen **Ecken**, die Großkreisbögen von P nach P' **Seiten** des Kugelzweiecks. Als **Winkel** α des Kugelzweiecks legt man den Winkel fest, den die Großkreistangenten in einem Eckpunkt miteinander einschließen.
Zeichnet man statt der Großkreisbögen die Großkreise, so zerlegen diese die Kugelfläche in vier Kugelzweiecke, von denen jeweils zwei kongruent sind.
Der Winkel α verhält sich zu 2π wie die Fläche A_Z zur Kugeloberfläche O. Damit ergibt sich der Flächeninhalt eines Kugelzweiecks:

Flächeninhalt eines Kugelzweiecks

$$A_Z = \frac{\alpha}{2\pi} \cdot 4r^2\pi = 2\alpha r^2$$

Beispiel Die Schale einer kugelförmigen Orange wird in zwölf gleich große Kugelzweiecke aufgeschnitten, von denen jedes den Flächeninhalt 18 cm² besitzt. Wie groß ist der (Außen-)Durchmesser der Orange?

Lösung:

Für den Winkel α gilt: $\alpha = \frac{2\pi}{12} = \frac{\pi}{6}$

$$A_Z = 2\alpha r^2 \quad \Rightarrow \quad r = \sqrt{\frac{A_Z}{2\alpha}} = \sqrt{\frac{18 \cdot 6}{2\pi}} = \sqrt{\frac{54}{\pi}} = 4{,}15 \text{ cm}$$

Der Durchmesser der Orange beträgt 8,30 cm.

1.4 Kugeldreieck

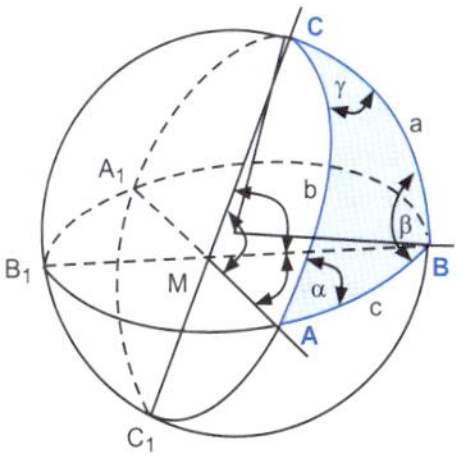

Verbindet man drei nicht auf demselben Großkreis gelegene Kugelpunkte A, B, C durch drei Großkreisbögen $\overset{\frown}{AB}$, $\overset{\frown}{BC}$, $\overset{\frown}{CA}$, so zerfällt die Kugeloberfläche in zwei **Kugeldreiecke (sphärische Dreiecke)**. Es entsteht das Dreieck ABC mit den Winkeln α, β, γ (sowie das Dreieck ABC mit den Winkeln α', β', γ').
Zeichnet man statt der Bögen die drei Großkreise, so zerlegen diese die Kugeloberfläche in acht Kugeldreiecke, die paarweise punktsymmetrisch zum Mittelpunkt M der Kugel sind.
Das zum Dreieck ABC symmetrische Dreieck $A_1B_1C_1$ heißt **Gegendreieck** zum Dreieck ABC.
Ein Dreieck, das das Dreieck ABC zu einem Zweieck ergänzt, heißt **Nebendreieck**, z. B. ist ABC_1 ein Nebendreieck von Dreieck ABC.
Scheiteldreiecke heißen zwei Kugeldreiecke mit gemeinsamer Ecke, z. B. ABC und AB_1C_1.
Die Seiten eines Kugeldreiecks sind die Großkreisbögen und werden durch die Mittelpunktswinkel im Mittelpunkt M der Kugel gemessen:
$a = \sphericalangle BMC$; $b = \sphericalangle AMC$; $c = \sphericalangle AMB$.

Im Folgenden werden Dreiecke untersucht, deren Seiten kleiner oder gleich 180° sind, so genannte **Euler'sche Dreiecke**.

Eigenschaften von Kugeldreiecken

1. Der größeren Seite liegt der größere Winkel gegenüber, insbesondere liegen gleichen Seiten gleiche Winkel gegenüber und umgekehrt.
2. Eine Seite ist stets kleiner als die Summe der beiden anderen.
3. Jede Seite ist stets größer als 0°. Die Seitensumme ist stets kleiner als 360°, d. h. es gilt: $0° < a + b + c < 360°$.
4. Die Winkelsumme ist größer als 180° und kleiner als 540°, d. h. es gilt: $180° < \alpha + \beta + \gamma < 540°$.
5. Die Größe $\varepsilon = \alpha + \beta + \gamma - 180°$ heißt **sphärischer Exzess**. Er gibt an, um wie viel sich die Winkelsumme im Kugeldreieck von der im ebenen Dreieck unterscheidet.
6. Für den Flächeninhalt **eines Kugeldreiecks** gilt:
   Im Gradmaß:
   $$A_D = A_{\Delta \widehat{ABC}} = \frac{1}{2} \cdot O_K \cdot \frac{\varepsilon}{360°}$$
   $$= r^2\pi \cdot \frac{\varepsilon}{180°} = r^2\pi \cdot \frac{\alpha + \beta + \gamma - 180°}{180°}$$
   Im Bogenmaß:
   $$A_D = A_{\Delta \widehat{ABC}} = r^2\pi \cdot \frac{\varepsilon}{\pi} = r^2\varepsilon$$

Beispiel Ein Dreieck mit drei rechten Winkeln heißt **Kugeloktant**. Bestimme die Fläche eines solchen Dreiecks auf einer Kugel mit dem Radius r auf zwei verschiedene Arten sowie die Seitenlängen.

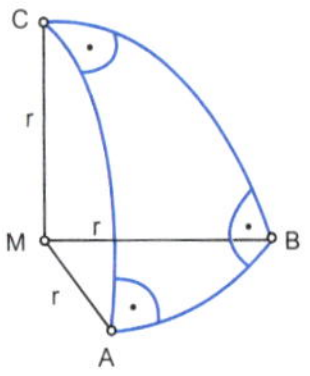

Lösung:

$$\varepsilon = 90° + 90° + 90° - 180° = 90° = \frac{\pi}{2}$$

$$A_D = r^2\pi \cdot \frac{90°}{180°} = \frac{1}{2} r^2\pi$$

oder

$$A_D = \frac{1}{8} \cdot O_K = \frac{1}{8} \cdot 4r^2\pi = \frac{1}{2} r^2\pi$$

Für die Seitenlängen gilt: $a = b = c = 90°$ bzw. $a = b = c = \frac{\pi}{2}$.

1.5 Dreikant und Polardreieck

Verbindet man die Ecken ABC eines Kugeldreiecks mit dem Kugelmittelpunkt M, so bilden die Radien ein **Dreikant**.
Die Winkel zwischen den Radien sind die Seiten des sphärischen Dreiecks ABC, die Winkel zwischen den Dreikantebenen die des Kugeldreiecks.

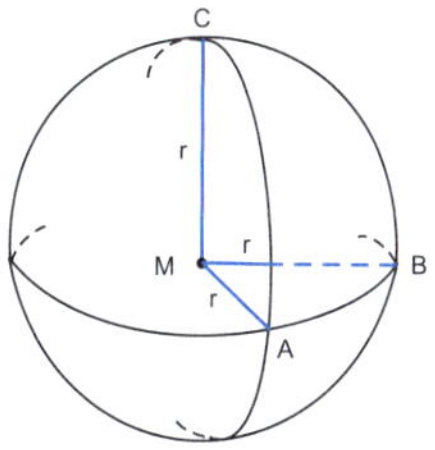

Unter den **Polen** eines (orientierten) Großkreises (**Polare**) versteht man die Punkte P und P' in denen die zur Kreisebene senkrechte Gerade durch den Mittelpunkt M die Kugel schneidet (siehe Skizze).

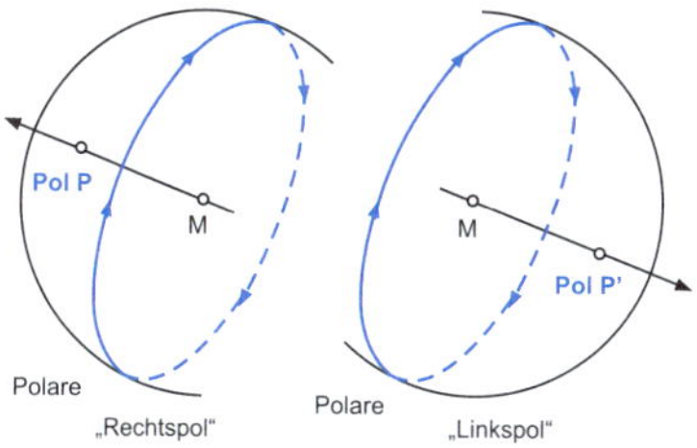

Liegt bei einem Umlauf von A über B nach C das Kugeldreieck stets links, dann bilden die „Linkspole" A', B', C' zu den Seiten a, b, c des Dreiecks ABC das **Polardreieck A', B', C'** mit den Seiten a', b', c' und den Winkeln α', β', γ'.

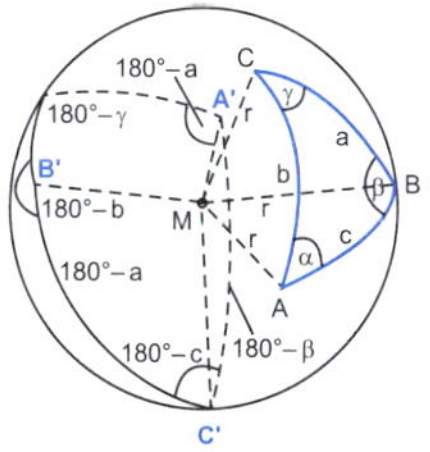

Als **Zusammenhang zwischen den Seiten und Winkeln** ergibt sich:

$\alpha + a' = 180°$ und $\alpha' + a = 180°$

$\beta + b' = 180°$ und $\beta' + b = 180°$

$\gamma + c' = 180°$ und $\gamma' + c = 180°$

Wegen $\alpha' = 180° - a$, $\beta' = 180° - b$, $\gamma' = 180° - c$, $a' = 180° - \alpha$, $b' = 180° - \beta$, $c' = 180° - \gamma$ folgt, dass es zu jedem sphärischen Dreieck ein zweites gibt, welches die Supplemente der Seiten des ersten zu Winkeln und die Supplemente der Winkel zu Seiten hat.
Aus den Formeln errechnet sich der Exzess ε' des Polardreiecks zu $\varepsilon' = 360° - (a + b + c)$.

Anmerkung: Auf der Erdkugel ist bei der vereinbarten Orientierung des Äquators der geographische Nordpol ein Links-, der Südpol ein Rechtspol.

Beispiel Bestimme Exzess und Flächeninhalt des Polardreiecks A' B' C' zu einem Kugeldreieck ABC mit $a = 120°$, $b = 85°$ und $c = 100°$ auf einer Kugel mit dem Radius $r = 15$ cm.

Lösung:
Exzess $\varepsilon' = 360° - (a + b + c) = 55°$
Flächeninhalt

$$A_{\Delta A'B'C'} = r^2 \pi \cdot \frac{\varepsilon'}{180°} = 225 \cdot \pi \cdot \frac{55°}{180°} \text{cm}^2 \approx 215{,}98 \text{ cm}^2$$
$$\approx 216 \text{ cm}^2$$

2 Spezielle Kugeldreiecke

Wie in der ebenen Geometrie unterscheiden wir auch in der sphärischen Trigonometrie rechtwinklige, gleichschenklige, gleichseitige und beliebige Dreiecke. Die Berechnung der Größen in den einzelnen Dreiecksformen und die dazu benötigten Gesetzmäßigkeiten bestimmen den Inhalt der folgenden Seiten.

2.1 Rechtwinkliges Kugeldreieck und Regel von Neper

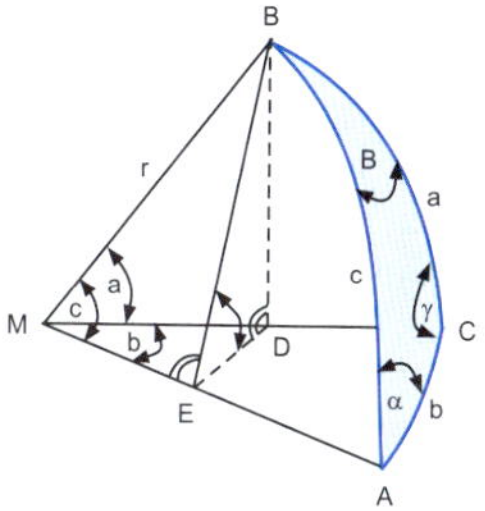

Im Gegensatz zur ebenen Geometrie gibt es in der Kugelgeometrie Dreiecke, die einen, zwei oder drei rechte Winkel besitzen. Zur Darstellung der Formeln verwenden wir ein rechtwinkliges Dreikant mit $\gamma = 90°$. Die zum Dreieck AMC senkrechte Ebene BED steht senkrecht auf MC und senkrecht auf MA, sodass das Dreieck EDB bei D einen rechten Winkel und bei E den Winkel α besitzt. Verknüpft man die für die vier ebenen rechtwinkligen Dreiecke BED, BMD, MED und MEB geltenden trigonometrischen Beziehungen miteinander, so erhält man:

(1) $\sin\alpha = \dfrac{\sin a}{\sin c}$; $\quad \sin\beta = \dfrac{\sin b}{\sin c}$

(2) $\cos\alpha = \dfrac{\tan b}{\tan c}$; $\quad \cos\beta = \dfrac{\tan a}{\tan c}$

(3) $\tan\alpha = \dfrac{\tan a}{\sin b}$; $\quad \tan\beta = \dfrac{\tan b}{\sin a}$

(4) $\cos c = \cos a \cdot \cos b$

Verknüpft man diese Formeln miteinander, so ergeben sich noch:

(5) $\cos\alpha = \cos a \cdot \sin\beta$; $\quad \cos\beta = \cos b \cdot \sin\alpha$

(6) $\cos c = \cot\alpha \cdot \cot\beta = \dfrac{1}{\tan\alpha \cdot \tan\beta}$

Folgerungen:

- Aus Beziehung 4 folgt die **Seitenregel**: Im rechtwinkligen Kugeldreieck sind entweder nur eine oder alle drei Seiten spitz.
- Aus der Beziehung 3 folgt die **Kathetenregel**: Im rechtwinkligen Kugeldreieck sind eine Kathete und ihre Gegenkathete stets gleichartig, d. h. sie sind entweder beide spitz-, stumpf- oder rechtwinklig.

Die Regel von Neper ermöglicht, sich die Formeln für die Berechnung am rechtwinkligen Kugeldreieck besser zu merken. Sie sagt aus:

Regel von Neper

Der Kosinus eines Stücks am Neper-Kreis (siehe Skizze) ist gleich dem Produkt der Kotangenswerte der anliegenden oder dem Produkt der Sinuswerte der nicht anliegenden Stücke.

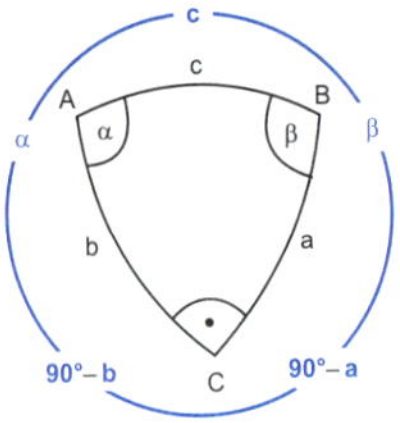

Folgende sechs Aufgabentypen sind möglich, wenn das Dreieck den rechten Winkel $\gamma = 90°$ besitzt, d. h. c ist Hypotenuse.

(1) Gegeben: α, β
Gesucht: a, b, c

Lösung:

$$\cos a = \frac{\cos\alpha}{\sin\beta}; \ \cos b = \frac{\cos\beta}{\sin\alpha}; \ \cos c = \frac{1}{\tan\alpha \cdot \tan\beta}$$

(2) Gegeben: c, α
Gesucht: β, a, b

Lösung:

$$\tan\beta = \frac{1}{\tan\alpha \cdot \cos c}; \ \sin a = \sin c \cdot \sin\alpha; \ \tan b = \tan c \cdot \cos\alpha$$

(3) Gegeben: b, α
Gesucht: a, c, β

Lösung:

$$\tan a = \sin b \cdot \tan \alpha; \ \tan c = \frac{\tan b}{\cos \alpha}; \ \cos \beta = \cos b \cdot \sin \alpha$$

(4) Gegeben: b, β
Gesucht: a, c, α

Lösung:

$$\sin a = \frac{\tan b}{\tan \beta}; \ \sin c = \frac{\sin b}{\sin \beta}; \ \sin \alpha = \frac{\cos \beta}{\cos b}$$

(5) Gegeben: a, b
Gesucht: b, α, β

Lösung:

$$\cos c = \cos a \cdot \cos b; \ \tan \alpha = \frac{\tan a}{\sin b}; \ \tan \beta = \frac{\tan b}{\sin a}$$

(6) Gegeben: c, a
Gesucht: b, α, β

Lösung:

$$\cos b = \frac{\cos c}{\cos a}; \ \sin \alpha = \frac{\sin a}{\sin c}; \ \cos \beta = \frac{\tan a}{\tan c}$$

Beispiel

In einem rechtwinkligen Kugeldreieck ABC mit $\gamma = 90°$ sind die Seiten $a = 65°$ und $b = 50°$ gegeben. Bestimme die fehlende Seite c sowie die Winkel α und β.

Lösung:
Mithilfe der Formeln unter 5 erhält man:

$$\cos c = \cos 65° \cdot \cos 50 \quad \Rightarrow \quad c = 74{,}24°$$

$$\tan \alpha = \frac{\tan 65°}{\sin 50°} \quad \Rightarrow \quad \alpha = 70{,}34°$$

$$\tan \beta = \frac{\tan 50°}{\sin 65°} \quad \Rightarrow \quad \beta = 52{,}74°$$

2.2 Gleichschenkliges und gleichseitiges Kugeldreieck

Ein **gleichschenkliges sphärisches Dreieck** zerfällt wie in der Skizze durch den größten Kreisbogen, der durch seine Spitze geht und auf seiner Basis senkrecht steht („Höhe h") in zwei symmetrische rechtwinklige Dreiecke, d. h. alle Stücke lassen sich mit der Neper-Regel von Seite 116 berechnen.

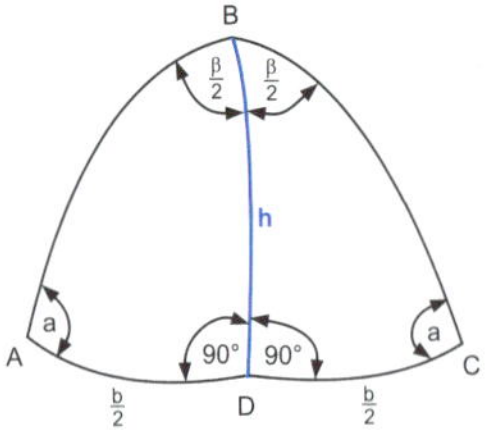

Bei der Verwendung der Bezeichnungen wie in der Skizze ergeben sich folgende zwei Aufgabenmöglichkeiten:

(1) Gegeben: b, α
Gesucht: a, h, β

Lösung:

$$\tan a = \frac{\tan \frac{b}{2}}{\cos \alpha}; \quad \cos \frac{\beta}{2} = \cos \frac{b}{2} \cdot \sin \alpha; \quad \tan h = \sin \frac{b}{2} \cdot \tan \alpha$$

(2) Gegeben: a, β
Gesucht: b, h, α

Lösung:

$$\sin \frac{b}{2} = \sin a \cdot \sin \frac{b}{2}; \quad \tan h = \tan a \cdot \cos \frac{\beta}{2}; \quad \tan \alpha = \frac{1}{\cos a \cdot \tan \frac{\beta}{2}}$$

Beispiel Im gleichschenkligen Kugeldreieck ABC sind a = 70° und $\beta = 80°$ gegeben. Berechne die Größe der Basis b, die Höhe h sowie den Basiswinkel α.

Lösung:

$$\sin \frac{h}{2} = \sin 70° \cdot \sin 40° \quad \Rightarrow \quad b = 74{,}32°$$

$$\tan h = \tan 70° \cdot \cos 40° \quad \Rightarrow \quad h = 64{,}59°$$

$$\tan \alpha = \frac{1}{\cos 70° \cdot \tan 40°} \quad \Rightarrow \quad \alpha = 73{,}99°$$

Im **gleichseitigen sphärischen Dreieck** sind alle Seiten $a = b = c$ gleich lang und alle Winkel $\alpha = \beta = \gamma$ gleich groß. Die Berechnungen erfolgen anhand der obigen Skizze mit der Neper-Regel.

Folgende Aufgaben sind möglich:

(1) Gegeben: a
Gesucht: α, h

Lösung:

$$\cos \alpha = \frac{\tan \frac{\alpha}{2}}{\tan a}; \ \cos h = \frac{\cos a}{\cos \frac{a}{2}}$$

(2) Gegeben: α
Gesucht: a, h

Lösung:

$$\cos \frac{a}{2} = \frac{\cos \frac{\alpha}{2}}{\sin \alpha}; \ \cos h = \frac{\cos \alpha}{\sin \frac{\alpha}{2}}$$

Beispiel

In einem gleichseitigen Kugeldreieck gilt: $a = 86°$. Bestimme den Winkel α sowie die Höhe h.

Lösung:

$$\cos \alpha = \frac{\tan 43°}{\tan 86°} \quad \Rightarrow \quad \alpha = 86{,}26°$$

$$\cos h = \frac{\cos 86°}{\cos 43°} \quad \Rightarrow \quad h = 84{,}53°$$

2.3 Beliebiges Kugeldreieck

Zerlegt man ein beliebiges Kugeldreieck ABC wie in der nebenstehenden Skizze durch die Höhe h in zwei rechtwinklige Dreiecke ADC und DBC, so kann man auf jedes der beiden Teildreiecke I bzw. II die Neper'sche Regel anwenden. Verknüpft man die so gewonnenen Beziehungen miteinander so ergeben sich folgende Sätze:

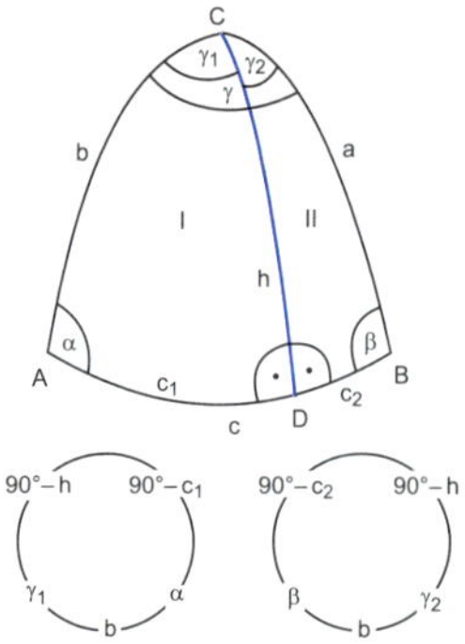

Sinussatz

$\sin\alpha : \sin\beta : \sin\gamma = \sin a : \sin b : \sin c$

Seitenkosinussatz

$\cos c = \cos a \cdot \cos b + \sin a \cdot \sin b \cdot \cos\gamma$

$\cos b = \cos a \cdot \cos c + \sin a \cdot \sin c \cdot \cos\beta$

$\cos a = \cos b \cdot \cos c + \sin b \cdot \sin c \cdot \cos\alpha$

Winkelkosinussatz

$\cos\gamma = -\cos\alpha \cdot \cos\beta + \sin\alpha \cdot \sin\beta \cdot \cos c$

$\cos\beta = -\cos\alpha \cdot \cos\gamma + \sin\alpha \cdot \sin\gamma \cdot \cos b$

$\cos\alpha = -\cos\beta \cdot \cos\gamma + \sin\beta \cdot \sin\gamma \cdot \cos a$

Jetzt lassen sich alle Stücke von Kugeldreiecken berechnen. Wir unterscheiden dabei sechs Hauptaufgaben, die im Folgenden zusammen mit Lösungsmöglichkeiten aufgeführt sind.

(1) Gegeben: a, b, c (drei Seiten)
Gesucht: α, β, γ

Lösung:

$$\cos\alpha = \frac{\cos a - \cos b \cdot \cos c}{\sin b \cdot \sin c}$$

$$\cos\beta = \frac{\cos b - \cos a \cdot \cos c}{\sin a \cdot \sin c}$$

$$\cos\gamma = \frac{\cos c - \cos a \cdot \cos b}{\sin a \cdot \sin b}$$

(2) Gegeben: α, β, γ (drei Winkel)
Gesucht: a, b, c

Lösung:

$$\cos a = \frac{\cos\alpha - \cos\beta \cdot \cos\gamma}{\sin\beta \cdot \sin\gamma}$$

$$\cos b = \frac{\cos\beta - \cos\alpha \cdot \cos\gamma}{\sin\alpha \cdot \sin\gamma}$$

$$\cos c = \frac{\cos\gamma - \cos\alpha \cdot \cos\beta}{\sin\alpha \cdot \sin\beta}$$

(3) Gegeben: a, b, γ (zwei Seiten und der Zwischenwinkel)
Gesucht: c, α, β

Lösung:

$$\cos c = \cos a \cdot \cos b + \sin a \cdot \sin b \cdot \cos\gamma$$

$$\sin\alpha = \frac{\sin a \cdot \sin\gamma}{\sin c}; \quad \sin\beta = \frac{\sin b \cdot \sin\gamma}{\sin c}$$

(4) Gegeben: α, β, c (zwei Winkel und die Zwischenseite = eine Seite und die anliegenden Winkel)
Gesucht: γ, a, b

Lösung:

$$\cos\gamma = -\cos\alpha \cdot \cos\beta + \sin\alpha \cdot \sin\beta \cdot \cos c$$

$$\sin a = \frac{\sin c \cdot \sin\alpha}{\sin\gamma}; \quad \sin b = \frac{\sin c \cdot \sin\beta}{\sin\gamma}$$

(5) Gegeben: a, b, α (zwei Seiten und ein Gegenwinkel)
Gesucht: c, β, γ

Lösung:

$$\sin\beta = \frac{\sin b \cdot \sin\alpha}{\sin a}$$

Zur Berechnung von c und γ zerlegt man das Kugeldreieck ABC durch die Höhe [CD] in zwei rechtwinklige Kugeldreiecke. Dort erhält man mit der Neper-Regel:

$$\left.\begin{aligned}\tan c_1 &= \tan b \cdot \cos\alpha \\ \tan c_2 &= \tan a \cdot \cos\beta\end{aligned}\right\} \Rightarrow \quad c = c_1 + c_2$$

$$\left.\begin{aligned}\tan\gamma_1 &= \frac{1}{\cos b \cdot \tan\alpha} \\ \tan\gamma_2 &= \frac{1}{\cos a \cdot \tan\beta}\end{aligned}\right\} \Rightarrow \quad \gamma = \gamma_1 + \gamma_2$$

Die Lösung ist eindeutig, wenn der Gegenwinkel der größeren der beiden Seiten gegeben ist.

(6) Gegeben: α, β, a (zwei Winkel und eine Gegenseite)
Gesucht: b, c, γ

Lösung:

$$\sin b = \frac{\sin a \cdot \sin\beta}{\sin\alpha}$$

Zur Berechnung von c und γ zerlegt man das Kugeldreieck ABC durch die Höhe [CD] in zwei rechtwinklige Kugeldreiecke. Dort erhält man mit der Neper-Regel:

$$\left.\begin{aligned}\tan c_1 &= \tan b \cdot \cos\alpha \\ \tan c_2 &= \tan a \cdot \cos\beta\end{aligned}\right\} \Rightarrow \quad c = c_1 + c_2$$

$$\left.\begin{aligned}\tan\gamma_1 &= \frac{1}{\cos b \cdot \tan\alpha} \\ \tan\gamma_2 &= \frac{1}{\cos a \cdot \tan\beta}\end{aligned}\right\} \Rightarrow \quad \gamma = \gamma_1 + \gamma_2$$

Die Lösung ist eindeutig, wenn die Gegenseite zum größeren der beiden Winkel gegeben ist.

Beispiel

1. Im Kugeldreieck ABC sind die drei Seiten $a = 142°$, $b = 72°$ und $c = 112°$ gegeben. Bestimme die drei Winkel α, β, γ.

   Lösung:
   Nach Fall 1 gilt:

   $$\cos\alpha = \frac{\cos a - \cos b \cdot \cos c}{\sin b \cdot \sin c} = \frac{\cos 142° - \cos 72° \cdot \cos 112°}{\sin 72° \cdot \sin 112°}$$

   $$\Rightarrow \quad \alpha = 139{,}67°$$

   $$\cos\beta = \frac{\cos b - \cos a \cdot \cos c}{\sin a \cdot \sin c} = \frac{\cos 72° - \cos 142° \cdot \cos 112°}{\sin 142° \cdot \sin 112°}$$

   $$\Rightarrow \quad \beta = 88{,}61°$$

   $$\cos\gamma = \frac{\cos c - \cos a \cdot \cos b}{\sin a \cdot \sin b} = \frac{\cos 112° - \cos 142° \cdot \cos 72°}{\sin 142° \cdot \sin 72°}$$

   $$\Rightarrow \quad \gamma = 102{,}94°$$

2. Im Kugeldreieck ABC sind die beiden Seiten $a = 110°$, $c = 148°$ und der Winkel $\beta = 164°$ gegeben. Bestimme die Seite b sowie die Winkel α und γ.

   Lösung:
   Nach Fall 3 gilt:

   $$\cos b = \cos a \cdot \cos c + \sin a \cdot \sin c \cdot \cos\beta$$
   $$= \cos 110° \cdot \cos 148° + \sin 110° \cdot \sin 148° \cdot \cos 164°$$

   $$\Rightarrow \quad b = 100{,}87°$$

   $$\sin\alpha = \frac{\sin a \cdot \sin\beta}{\sin b} = \frac{\sin 110° \cdot \sin 164°}{\sin 100{,}87°}$$

   $$\Rightarrow \quad \alpha_1 = 15{,}29° \ \vee \ \alpha_2 = 164{,}71°$$

   $$\text{Da } a > b \ \Rightarrow \ \alpha > \beta \ \Rightarrow \ \alpha = \alpha_2 = 164{,}71°$$

   $$\sin\gamma = \frac{\sin c \cdot \sin\alpha}{\sin a} = \frac{\sin 148° \cdot \sin 164{,}71°}{\sin 110°}$$

   $$\Rightarrow \quad \gamma_1 = 8{,}55° \ \vee \ \gamma_2 = 171{,}45°$$

   $$\text{Da } c > a \ \Rightarrow \ \gamma > \alpha \ \Rightarrow \ \gamma = \gamma_2 = 171{,}45°$$

3. Im Kugeldreieck ABC sind die beiden Seiten $a = 48°$ und $b = 36°$ und der Gegenwinkel $\alpha = 85°$ zu a gegeben. Bestimme die Winkel β und γ sowie die Seite c.

Lösung:
Nach Fall 5 gilt:
Es gibt eine eindeutige Lösung, weil der Gegenwinkel der größeren der beiden gegebenen Seiten gegeben ist.

$$\sin\beta = \frac{\sin b \cdot \sin\alpha}{\sin a} = \frac{\sin 36° \cdot \sin 85°}{\sin 48°} \quad \Rightarrow \quad \beta_1 = 52° \ \vee \ \beta_2 = 128°$$

Wegen $a > b \quad \Rightarrow \quad \alpha > \beta \quad \Rightarrow \quad \beta = \beta_1 = 52$

$\tan c_1 = \tan b \cdot \cos\alpha = \tan 36° \cdot \cos 85° \ \Rightarrow \ c_1 = 3{,}62°$

$\tan c_2 = \tan a \cdot \cos\beta = \tan 48° \cdot \cos 52° \ \Rightarrow \ c_2 = 34{,}36°$

$\Rightarrow \quad c = c_1 + c_2 = 3{,}62° + 34{,}36° = 37{,}98° \approx 38°$

$$\tan\gamma_1 = \frac{1}{\cos b \cdot \tan\alpha} = \frac{1}{\cos 36° \cdot \tan 85°} \quad \Rightarrow \quad \gamma_1 = 6{,}17°$$

$$\tan\gamma_2 = \frac{1}{\cos a \cdot \tan\beta} = \frac{1}{\cos 48° \cdot \tan 52°} \quad \Rightarrow \quad \gamma_2 = 49{,}42°$$

$\Rightarrow \quad \gamma = \gamma_1 + \gamma_2 = 6{,}17° + 49{,}42° = 55{,}59°$

3 Mathematische Erdkunde

Eine Anwendung der sphärischen Trigonometrie ist die mathematische Erdkunde. Nach der Berechnung der Entfernung zweier Punkte auf der Erdoberfläche und der Bestimmung des Kurswinkels wird auf die Problematik der Peilung sowie kurz auf Kartenentwürfe eingegangen.

3.1 Entfernung zweier Punkte und der Kurswinkel

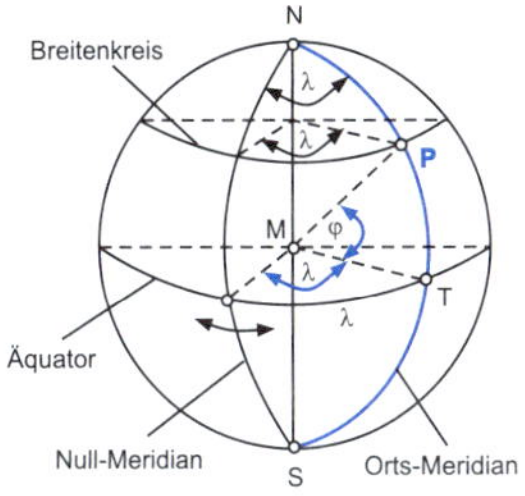

In der mathematischen Erdkunde betrachten wir die Erde als vollkommene Kugel mit dem Radius R = 6 370 km, auf der ein Großkreis einen Umfang von ca. 40 000 km besitzt. Ein Grad eines Großkreises entspricht damit einer Länge von 111,3 km. Der 15. Teil davon ist eine **geographische Meile** der Länge 7,420 km, der 60. Teil eine **Seemeile** der Länge 1,852 km.

Die Geschwindigkeit **1 Knoten** $= 1 \ \frac{\text{Seemeile}}{\text{Stunde}}$ wird in der Seefahrt gebraucht.

Das Koordinatensystem auf der Erde ist auf Seite 108 dargestellt. Die Meridiane sind Längenkreise (Großkreise) durch die Erdpole; der Nullmeridian verläuft durch Greenwich; der Ortsmeridian ist der **Längenkreis** durch einen bestimmten Ort. **Breitenkreise** sind Parallelkreise zum Äquator senkrecht zur Erdachse.

Die **geographische Länge** λ ist der Winkel, den der Ortsmeridian mit dem Nullmeridian bildet. Sie werden bis jeweils 180° vom Nullmeridian aus nach Osten (–) bzw. Westen (+) gemessen.

Die **geographische Breite** φ ist die Entfernung eines Ortes vom Äquator, gemessen am Ortsmeridian. Sie wird bis jeweils 90° vom Äquator aus nach Norden (+) bzw. Süden (–) gemessen.

Entfernung zweier Punkte auf der Erde

Als Entfernung L zweier Punkte auf der Erdoberfläche bezeichnet man die kürzeste Verbindung der beiden Punkte auf einem Großkreis. Mit der Vektordarstellung der Ortsvektoren $\overrightarrow{OP_1}, \overrightarrow{OP_2}$ von Seite 109 erhält man mit dem Erdradius R

$L = R \cdot e.$

Dabei kann e (im Bogenmaß) aus dem Skalarprodukt der beiden Ortsvektoren über

$$\cos e = \frac{\overrightarrow{OP_1} \circ \overrightarrow{OP_2}}{|\overrightarrow{OP_1}| \circ |\overrightarrow{OP_2}|} = \frac{\overrightarrow{OP_1} \circ \overrightarrow{OP_2}}{R \cdot R} =$$

$$= \cos \varphi_1 \cdot \cos \varphi_2 \cdot \cos(\lambda_1 - \lambda_2) + \sin \varphi_1 \cdot \sin \varphi_2$$

bzw. unter Verwendung des Seitenkosinussatzes berechnet werden.

Beispiel Der Kontinent Amerika reicht von der Südspitze Südamerikas $P_1(\lambda_1 = 66° \text{ W} \mid \varphi_1 = 55° \text{ S})$ bis zur Nordwestspitze Alaskas $P_2(\lambda_2 = 168° \text{ W} \mid \varphi_2 = 66° \text{ N})$.
Wie lang ist der Kontinent Amerika?

Lösung:

$\cos e = \cos 66° \cdot \cos(-55) \cdot \cos 102° + \sin 66° \cdot \sin(-55)$

$\Rightarrow \quad e = 142{,}83° = 2{,}493 \quad \Rightarrow \quad L = 6\,370 \cdot 2{,}493 = 15\,880{,}4 \text{ km}$

Kurswinkel

Unter dem Kurswinkel ω versteht man denjenigen Winkel, den der Großkreisbogen durch den Anfangspunkt P_1 und den Endpunkt P_2 mit dem Ortsmeridian im Anfangspunkt P_1 einschließt. Es gilt:

$$\cos \omega = \frac{\sin \varphi_2 - \cos e \cdot \sin \varphi_1}{\sin e \cdot \cos \varphi_1}$$

Loxodrome

Eine Kurve konstanten Kurswinkels heißt **Loxodrome** zum Winkel η. Die Loxodrome windet sich spiralförmig um die Pole.

Beispiel

Ein Flugzeug fliegt auf dem kürzesten Weg von der Südspitze Südamerikas zur Nordwestspitze Alaskas (Daten siehe Beispiel von Seite 126). Bestimme den Kurswinkel ω.

Lösung:

$$\cos\omega = \frac{\sin 66° - \cos 142{,}83° \cdot \sin(-55°)}{\sin(142{,}83°) \cdot \cos(-55°)} \quad \Rightarrow \quad \omega = 41{,}18°$$

3.2 Peilungsprobleme

Um ein Objekt X (etwa durch Funk) zu orten, gibt es prinzipiell zwei Möglichkeiten.

Fremdpeilung

Man braucht zwei Stationen P_1 und P_2 auf der Erde, die man anpeilen kann. Dazu werden von den Peilstationen aus die Winkel α_1 und α_2 zum Objekt X gemessen, wie in der Skizze dargestellt.

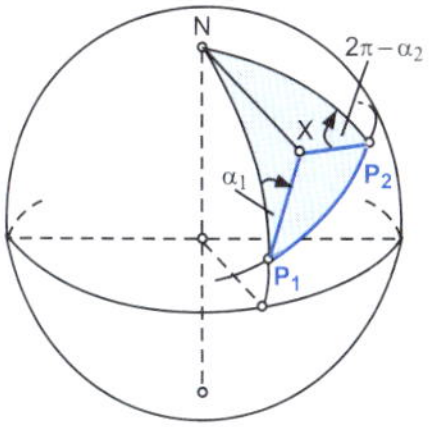

Um in einem Poldreieck P_1P_2N mit dem Nordpol als Spitze den Ort $X(\lambda\,|\,\varphi)$ bestimmen zu können, muss man die Seite e (mit Seitenkosinussatz), die Innenwinkel π_1, π_2 (mit Sinussatz), den Winkel ε (mit Winkelkosinussatz) sowie die Längen e_1, e_2 und die Winkel β_1, β_2 (mit Sinussatz) berechnen. Dann erhält man:

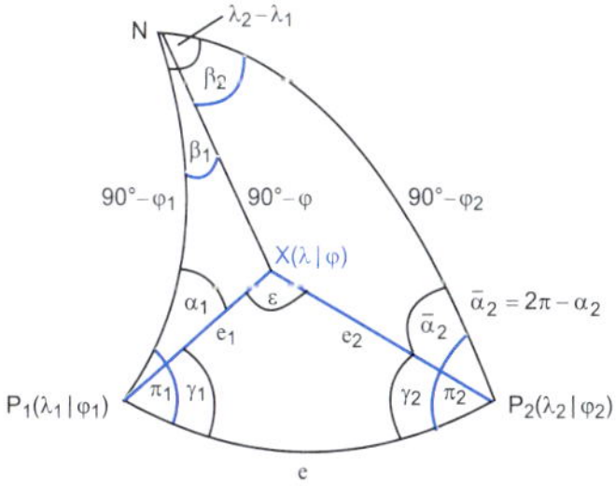

Fremdpeilung

$\sin\varphi = \sin\varphi_1 \cdot \cos e_1 + \cos\varphi_1 \cdot \sin e_1 \cdot \cos\alpha_1$
oder
$\sin\varphi = \sin\varphi_2 \cdot \cos e_2 + \cos\varphi_2 \cdot \sin e_2 \cdot \cos\overline{\alpha}_2$

$\lambda = \lambda_1 + \beta_1$
oder
$\lambda = \lambda_2 + \beta_2$

Eigenpeilung

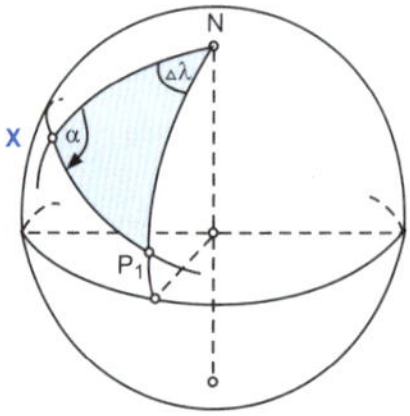

Bei der Eigenpeilung wird vom Objekt X selbst aus die Peilung zu zwei Funkstellen bekannter Lage ausgeführt. Betrachtet man eine dieser beiden Peilungen, so wird der Winkel α gegen die geographische Nordrichtung bestimmt.
Für den Funkort $P_1(\lambda_1 \mid \varphi_1)$ gilt dann in dem Poldreieck XP_1N die Gleichung

Eigenpeilung

$\sin\varphi \cdot \cos(|\lambda_1 - \lambda|) + \sin(|\lambda_1 - \lambda|) \cdot \cot\alpha - \tan\varphi_1 \cdot \cos\varphi = 0$

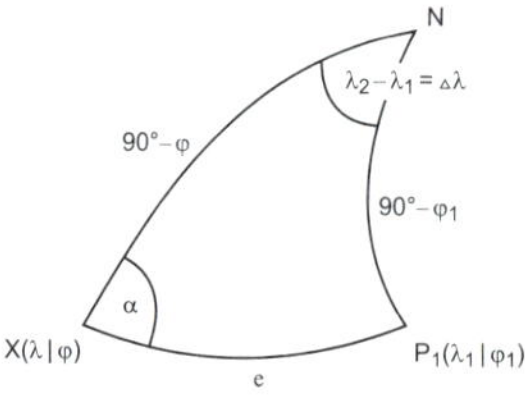

Für feste Winkel α wird für jeden Ort $X(\lambda \mid \varphi)$ im Vergleich zu Punkt $P_1(\lambda_1 \mid \varphi_1)$ eine Kurve festgelegt, die in eine Karte eingezeichnet ist. Führt z. B. ein Schiff die Karten zweier Funkorte P_1, P_2 mit und werden diese übereinander gelegt, so ergibt der Schittpunkt der Kurve für den Peilwinkel α_1 und der für den Peilwinkel α_2 den Standort $X(\lambda \mid \varphi)$.

Beispiel

Ein Erdbeben am Ort $X(\lambda \mid \varphi)$ wird von den beiden Stationen $P_1(10° \text{ O} \mid 40° \text{ N})$ und $P_2(20° \text{ O} \mid 50° \text{ N})$ unter den Winkeln $\alpha_1 = 142°$ und $\overline{\alpha}_2 = 163°$ festgestellt. Bestimme die Koordinate des Ortes X des Erdbebens.

Lösung:
Mit den Bezeichnungen des Bildes zur Fremdpeilung gilt:

$\cos e = \sin \varphi_1 \cdot \sin \varphi_2 + \cos \varphi_1 \cdot \cos \varphi_2 \cdot \cos(\lambda_2 - \lambda_1)$

$\Rightarrow \quad e = 12{,}224°$

$$\sin \pi_1 = \frac{\sin(\lambda_2 - \lambda_1) \cdot \cos \varphi_2}{\sin \varepsilon}$$

$\Rightarrow \pi_1 = 31{,}8° \Rightarrow \gamma_1 = \alpha_1 - \pi_1 = 110{,}2°$

$$\sin \pi_2 = \frac{\sin(\lambda_2 - \lambda_1) \cdot \cos \varphi_1}{\sin \varepsilon}$$

$\Rightarrow \pi_2 = 38{,}9° \Rightarrow \gamma_2 = \alpha_2 - \pi_2 = 124{,}1°$

$\cos \varepsilon = -\cos \gamma_1 \cdot \cos \gamma_2 + \sin \gamma_1 \cdot \sin \gamma_2 \cdot \cos e \quad \Rightarrow \quad \varepsilon = 17{,}62°$

$$\sin e_1 = \frac{\sin e \cdot \sin \gamma_2}{\sin \varepsilon} \quad \Rightarrow \quad e_1 = 35{,}40°$$

$$\sin e_2 = \frac{\sin e \cdot \sin \gamma_1}{\sin \varepsilon} \quad \Rightarrow \quad e_2 = 41{,}03°$$

$\sin \varphi = \sin \varphi_1 \cdot \cos e_1 + \cos \varphi_1 \cdot \sin e_1 \cdot \cos \alpha_1 \quad \Rightarrow \quad \varphi = 10{,}04°$

oder

$\sin \varphi = \sin \varphi_2 \cdot \cos e_2 + \cos \varphi_2 \cdot \sin e_2 \cdot \cos \overline{\alpha}_2 \quad \Rightarrow \quad \varphi = 10{,}04°$

$\varphi \approx 10{,}0°$

$$\sin \beta_1 = \frac{\sin \alpha_1 \cdot \sin e_1}{\cos \varphi} \quad \Rightarrow \quad \beta_1 = 21{,}24° \quad \Rightarrow \quad \lambda = \lambda_1 + \beta_1 = 34{,}24°$$

$$\sin \beta_2 = \frac{\sin \overline{\alpha}_2 \cdot \sin e_2}{\cos \varphi} \quad \Rightarrow \quad \beta_2 = 11{,}24° \quad \Rightarrow \quad \lambda = \lambda_2 + \beta_2 = 31{,}24°$$

$\lambda \approx 31{,}2°$

Das Erdbeben fand am Ort $X(31{,}2° \text{ O} \mid 10{,}0° \text{ N})$ statt.

3.3 Kartenentwürfe

Da es keine längentreue Abbildung eines Kugelstücks auf eine Ebene gibt, werden alle Karten, die ein Gebiet der Erde auf ein ebenes Kartenstück abbilden, die Wirklichkeit auf der Erde verzerren. Alle Kartenentwürfe sind also mit Fehlern behaftet.
Es gibt sehr viele Arten, wie man Karten der Erde herstellen kann. Die wichtigsten sind im Folgenden kurz beschrieben.

Zylinderprojektion

Die Erdkugel wird von der Polachse aus auf den Berührzylinder (längs des Äquators) projiziert. Der Zylinder wird längs einer Mantellinie aufgeschnitten und in die Ebene gebreitet. Die Meridiane gehen in senkrechte, die Breitenkreise in waagerechte Strecken über. Längentreu ist nur der Äquator, die Karte ist flächentreu, aber verzerrt.

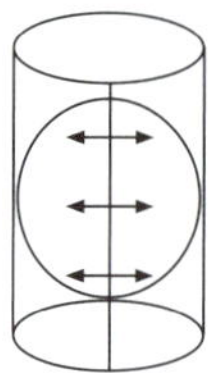

Orthodrome Projektion

Die Projektion der Erdkugel erfolgt als Zentralprojektion vom Mittelpunkt aus auf eine Tangentialebene mit einem Berührpunkt B. Jeder Großkreis wird als Gerade abgebildet. Die Karten sind weder längen- noch flächentreu.

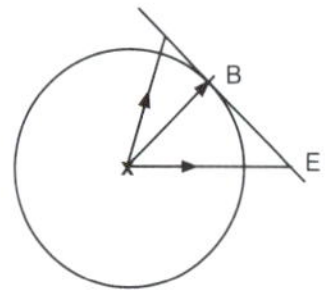

Stereographische Projektion

Die Projektion der Erdkugel erfolgt als Zentralprojektion von einem Kugelpunkt P aus in eine Tangentialebene im Gegenpunkt P'. Die Karten sind winkeltreu, aber nicht flächentreu.

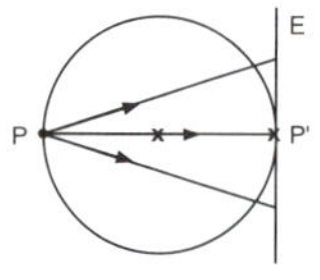

Orthogonale Projektion

Eine Erdhälfte wird in Parallelprojektion auf eine Ebene abgebildet. Alle Breitenkreise werden längentreu in die Ebene abgebildet; die Meridiane erscheinen als Geradenstücke.

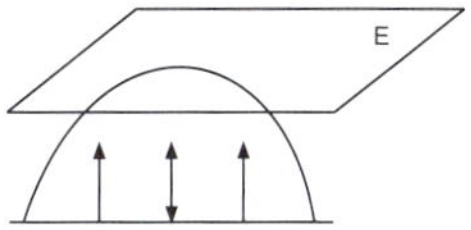

Mercator-Projektion

Der Äquator wird als Strecke der Länge ℓ gezeichnet und in 36 Abschnitte unterteilt, die die geradlinigen Meridiane im Abstand von jeweils 20° bestimmen. Die horizontalen Breitenkreise der Breite φ werden im Abstand

$$h = \frac{\ell}{2\pi} \cdot \ln \tan\left(\frac{\pi}{4} + \frac{\varphi}{2}\right)$$

gezeichnet.

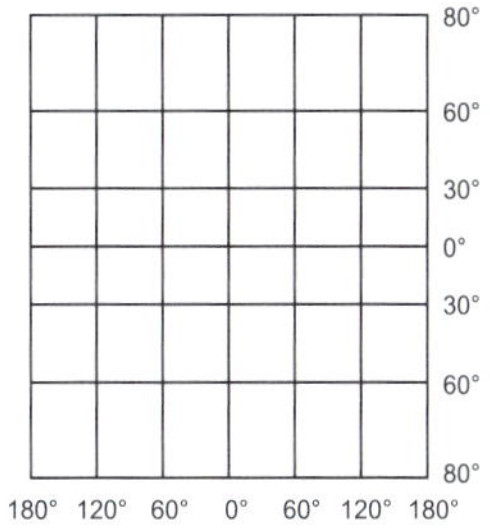

Die Karte ist winkeltreu.

Weitere Kartennetzentwürfe und Kartenabbildungen kann man in guten Schulatlanten sehen. Dort findet man auch Kartenbeispiele zu den oben vorgestellten Projektionsarten.

4 Mathematische Astronomie

Die mathematische Astronomie beschäftigt sich mit der scheinbaren Bewegung der Himmelskörper infolge der täglichen Drehung der Erde. Ein Modell dafür ist die Himmelskugel. Über die Einführung von Koordinatensystemen kann man nautische Probleme wie Zeit- und Ortsbestimmungen lösen.

4.1 Himmelskugel

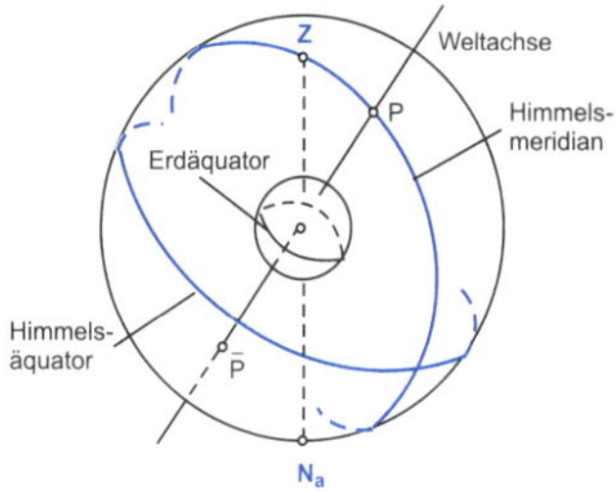

Das Modell aller Sternorte von der Erde aus gesehen ist eine Kugel mit sehr großem Radius, die Himmelskugel. Man verwendet folgende Bezeichnungen: Die Ebene des Erdäquators schneidet die Himmelskugel in einem Großkreis, dem **Himmelsäquator**. Er teilt die Himmelskugel in eine nördliche und eine südliche **Hemisphäre**. Die Verlängerung der Erdachse durch die Erdpole, die **Weltachse**, schneidet die Himmelskugel in den **Himmelspolen**, dem Nordpol P und dem Südpol $\overline{\text{P}}$, die immer in Ruhe bleiben. Der **Polarstern** steht nahezu fest über dem Nordpol. Der höchste sichtbare Punkt des Himmelsgewölbes ist der Schnittpunkt der Verlängerung des Erdradius im Beobachtungspunkt mit der Himmelskugel, der **Zenit** Z, der tiefste unsichtbare Punkt heißt **Nadir** Na. Allgemein heißen die durch die beiden Pole gehenden Großkreise, die auf dem Himmelsäquator senkrecht stehen, Deklinationskreise (Meridiane), weil man an ihnen die Abweichung (**Deklination**) δ, d. h. die Entfernung eines Gestirns vom Himmelsäquator, messen kann. Der Großkreis durch den Zenit Z und die Himmelspole P und $\overline{\text{P}}$ heißt **Himmelsmeridian** des Beobachtungsortes. Die Schnittpunkte von Meridian und Horizont sind der Nordpunkt N und der Südpunkt S.

Da sich die Erde in 24 Stunden einmal um die Weltachse dreht, scheint sich für einen auf der Erde mitbewegten Beobachter die

Himmelskugel einmal um die Weltachse zu drehen. Die Sterne durchlaufen dabei scheinbar eine Kreisbahn mit einem Winkel $\frac{360°}{24} = 15°$ pro Stunde.

Jeder **Fixstern** beschreibt innerhalb eines solchen Sterntages einen Kreis, dessen Ebene senkrecht zur Himmelsachse steht. Die Sonne geht täglich im Osten auf, steigt bis Süden empor und geht schließlich im Westen unter. Die Fixsterne, die in der Nähe des sichtbaren Himmelspols liegen, beschreiben bei der scheinbaren Drehung um die Erde Kreisbahnen, die ganz über dem Horizont liegen. Solche Sterne heißen **Zirkumpolarsterne**. Von einem Pol aus gesehen sind alle Sterne einer Hemisphäre Zirkumpolarsterne. Die anderen Sterne gehen wie die Sonne täglich auf und unter. Sie besitzen einen **Aufgangspunkt** und einen **Untergangspunkt** als Schnittkurve der jeweiligen Kreisbahn mit dem Horizont. Ihre Sternbahn besteht aus einem **Tag-** und einem **Nachtbogen**. Der höchste Punkt über dem Horizont, d. h. der Mittelpunkt des Tagbogens, heißt **oberer Kulminationspunkt**, der tiefste Punkt **unterer Kulminationspunkt**. Unter der **Kulminationshöhe** versteht man den Abstand des Kulminationspunktes vom Horizont. Planeten sind wie die Erde „Wandelsterne“, weil sie sich im Gegensatz zu den Fixsternen relativ zum Himmelsgewölbe bewegen.

Die Sonne beginnt ihren Jahreslauf am Frühlingsanfang. Tag- und Nachtbogen sind gleich, die Deklination $\delta = 0°$.

Von da an steigt die Sonne bis zu ihrem Höchststand zur Sommersonnenwende. Die Deklination beträgt $\delta = 23{,}45°$. Am Herbstanfang sind Tag- und Nachtbogen wieder gleich.

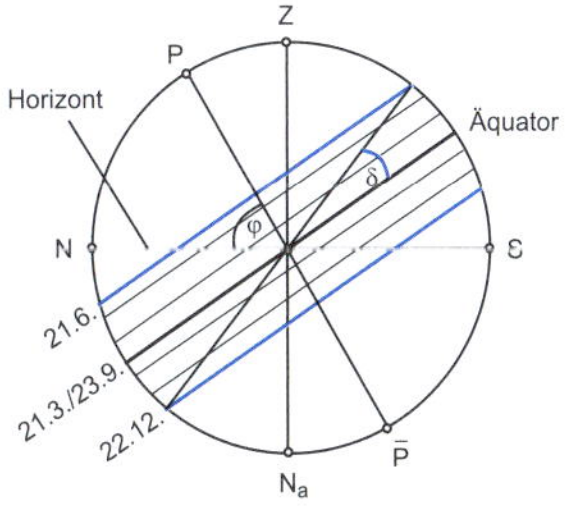

Von da an sinkt die Sonne unter den Äquator bis zum Tiefstpunkt zur Wintersonnenwende.

Die Deklination beträgt $\delta = -23{,}45°$.

Die scheinbare jährliche Sonnenbahn heißt **Ekliptik**. Sie rührt daher, dass sich die Sonne scheinbar täglich um etwa 1° von West nach Ost bewegt. Die Ekliptik besitzt eine Neigung zum Äquator, die **Schiefe der Ekliptik** heißt und $\varepsilon = 23{,}45°$ beträgt. Die Schnittpunkte

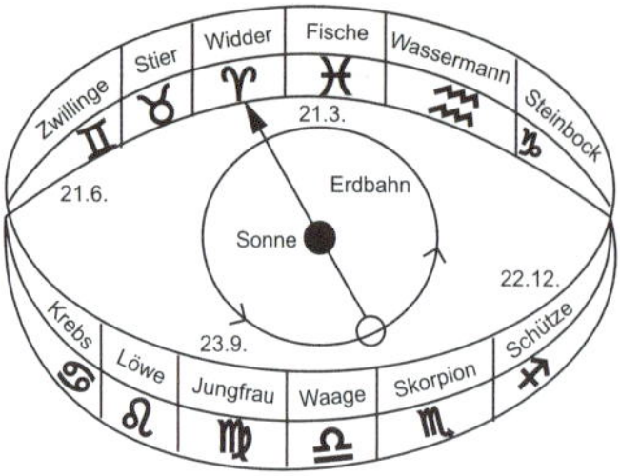

des Äquators mit der Ekliptik heißen Frühlingspunkt und Herbstpunkt. Um eine Orientierung auf der Sonnenbahn zu bekommen, ist sie in zwölf gleiche Teile eingeteilt, wobei jedem Teil durch die Richtung Erde–Sonne ein Sternbild wie in oben stehender Skizze zugeordnet ist.

4.2 Koordinatensysteme

Horizontalsystem

Die Lage des Gestirns G hat bezüglich des **Erdhorizonts** (= Horizontkreis des Beobachtungsortes) die Koordinaten (siehe Skizze):

Abszisse SF: **Azimut** a = Bogen zwischen Orts- und Höhenkreis von G vom Südpunkt S aus über Westen von 0° bis 360°.

Ordinate FG: **Höhe h des Gestirns G** = Entfernung des Gestirns vom Horizont, gezählt nach oben (+) bzw. unten (–) jeweils von 0° bis 90°.

Anmerkungen:

- Verwendet man statt der Höhe h die Zenitdistanz $z = 90° - h$, so gilt wegen $z = 90° - \varphi$, dass aus der Beobachtung der Sterne auf die geographische Breite φ des Beobachtungsortes geschlossen werden kann.
- Im Horizontalsystem verändern sich die Koordinaten eines Objekts wegen der Erddrehung laufend.

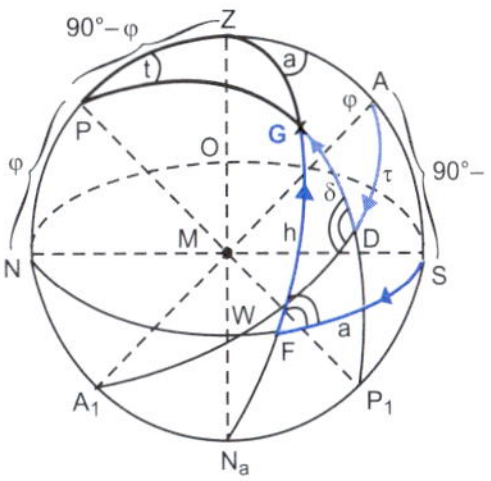

Äquatorsystem

Abszisse AD: **Stundenwinkel τ** = Winkel zwischen Deklinationskreis und Ortsmeridian, gezählt vom Ortsmeridian aus in Richtung SWNO, gemessen von 0° bis 360°.

Ordinate DG: **Deklination δ**, gemessen am Deklinationskreis nach Norden von 0° bis +90°, nach Süden von 0° bis −90°.

Anmerkung: Für Planeten, die sich nahezu in der Ebene der Erdbahn bewegen, wird oft die Ekliptik als Grundkreis eines Koordinatensystems gewählt, das **Ekliptiksystem**.

Auf- und Untergang eines Gestirns

Im Augenblick des Auf- bzw. Untergangs befindet sich das Gestirn G auf dem Horizont, d. h. für seine Höhe h gilt $h = 0$. Dann kann man mithilfe der Neper-Regel das Azimut a und den Stundenwinkel τ berechnen. Für die nördliche Halbkugel gilt:

$$\cos a = -\frac{\sin\delta}{\cos\varphi} \quad \text{und} \quad \cos\tau = -\tan\delta \cdot \tan\varphi$$

Es gilt für den Aufgang:	Es gilt für den Untergang:
$\delta > 0°$: $180° < a$, $\tau < 270°$	$\delta > 0°$: $90° < a$, $\tau < 180°$
$\delta < 0°$: $270° < a$, $\tau < 360°$	$\delta < 0°$: $0° < a$, $\tau < 90°$

Nautisches Dreieck

Das sphärische Dreieck PZG (Pol-Zenit-Gestirn) heißt **Nautisches Dreieck**. In ihm gilt:

$\widehat{ZP} = 90°$; $\widehat{ZG} = 90° - h$; $\widehat{PG} = 90° - \delta$;

$\sphericalangle PZG = 180° - a$; $\sphericalangle ZPG = \tau$

Es dient zur Bestimmung von δ und τ aus a und h oder umgekehrt:

(1) Gegeben sind die Horizontalkoordinaten $z = 90° - h$ und a sowie die Breite φ des Beobachtungsortes. Gesucht sind die Äquatorialkoordinaten δ und τ. Es gilt:

$$\sin\delta = \cos z \cdot \sin\varphi - \sin z \cdot \cos\varphi \cdot \cos\alpha; \ \sin\tau = \frac{\sin z \cdot \sin a}{\cos\delta}$$

(2) Gegeben sind die Äquatorialkoordinaten δ und τ sowie die Breite φ des Beobachtungsortes. Gesucht sind die Horizontalkoordinaten a und $z = 90° - h$. Es gilt:

$$\cos z = \sin\delta \cdot \sin\varphi + \cos\delta \cdot \cos\varphi \cdot \cos\tau; \ \sin a = \frac{\cos\delta \cdot \sin\tau}{\sin z}$$

Beispiel

1. An einem geographischen Ort der Breite $\varphi = 48°$ betragen Azimut $a = 68°$ und Höhe $h = 32°$. Bestimme Deklination δ und Stundenwinkel τ.

   Lösung:

   $\sin\delta = \cos 58° \cdot \sin 48° - \sin 58° \cdot \cos 48° \cdot \cos 68°$

   $\Rightarrow \quad \delta = 10{,}44°$

   $\sin\tau = \frac{\sin 58° \cdot \sin 68°}{\cos 10{,}44°} \quad \Rightarrow \quad \tau = 53{,}09°$

2. Wie hoch steht die Sonne an einem Ort der geographischen Breite $\varphi = 48°$ um 18.00 Uhr wahrer Sonnenzeit, wenn für diesen Tag $\delta = 18{,}6°$ gilt? Wie groß ist das Azimut a?

   Lösung:

   $\tau = 18 \cdot 15° = 270°$

   $\cos(90° - h) =$

   $= \sin 18{,}6° \cdot \sin 48° + \cos 18{,}6° \cdot \cos 48° \cdot \cos 270°$

   $\Rightarrow \quad h = 90° - 76{,}3° = 13{,}7°$

   $\sin a = \frac{\cos 18{,}6° \cdot \sin 270°}{\sin 76{,}3°} \quad \Rightarrow \quad a = 102{,}7°$

4.3 Zeitrechnung, Zeit- und Ortsbestimmung

Unter der **Sternzeit** T versteht man den Stundenwinkel τ des Frühlingspunktes ♈ (Sternzeichen für „Widder"). Dabei ist der Frühlingspunkt ♈ ein Fixpunkt am Himmel, aber ohne eigenes Sternzeichen. Der Stundenkreis des Gestirns G schließt mit dem des Frühlingspunktes ♈ stets einen festen Winkel α ein, der **Rektaszension** heißt. Es gilt:

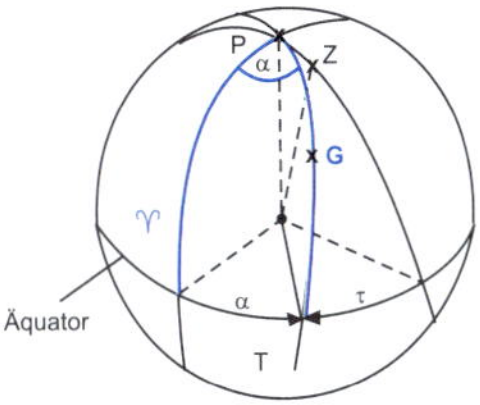

$$T = \tau + \alpha$$

Unter dem **wahren Sonnentag** versteht man die Zeit, welche die Sonne zum Beschreiben eines Tag- und Nachtbogens benötigt. Unter der **wahren Sonnenzeit (wahren Ortszeit) WOZ** versteht man den Stundenwinkel der wahren Sonne –12 Stunden, weil man festgelegt hat, dass an einem Ort die Ortszeit 0 Uhr ist, wenn die Sonne in ihrem unteren Kulminationspunkt steht. Der Stundenwinkel der Sonne beträgt zu diesem Zeitpunkt $180° = 12 \cdot 15° \triangleq 12$ Stunden.

Unter dem **mittleren Sonnentag** versteht man die Zeit eines fiktiven gleichmäßigen Umlaufs der Sonne. Unter der **mittleren Sonnenzeit (mittleren Ortszeit) MOZ** versteht man den Stundenwinkel der mittleren Sonne vermindert um 12 Stunden. Die Differenz zwischen den beiden Zeiten heißt **Zeitgleichung Zgl**.
Es gilt:

$$Zgl = WOZ - MOZ$$

Anmerkungen:
Zgl = 0 am 16.04., 14.06., 02.09. und 25.12.
Zgl > 0: absolutes Maximum am 03.11.: Zgl = 16 min 23 sek.
Zgl < 0: absolutes Minimum am 11.02.: Zgl = –14 min 28 sek.
Die Werte für Zgl können Tabellen entnommen werden.

Alle Orte, die auf demselben Meridian liegen, besitzen die gleiche **Ortszeit**. Der Längenunterschied $\Delta\lambda = \lambda_2 - \lambda_1$ zweier Orte entspricht einem Zeitunterschied $\Delta t = (\lambda_2 - \lambda_1) \cdot 4$ Min. In allen Orten, die östlich von einem bestimmten Meridian liegen, geht die Sonne früher (Ortsuhr geht vor), in westlichen Orten

später auf (Ortsuhr geht nach). Die Verwendung von Ortszeiten würde große Verwirrung mit sich bringen; deshalb legt man so genannte **Zeitzonen** fest, d.h. Orte gleicher Uhrzeit. Grundlage für dieses System ist der Nullmeridian von **Greenwich**, England, dessen mittlere Zeit **Weltzeit WZ** oder **westeuropäische Zeit WEZ** heißt. Die Meridiane 0°, 15°, ..., 330°, 345° sind die Standardmeridiane (Mittelmeridiane) der Zeitzonen des Systems, d. h. sie halbieren die 24 Zeitzonen. Die Bundesrepublik Deutschland liegt im Bereich der **mitteleuropäischen Zeit MEZ**, deren mittlere Ortszeit die von Görlitz (15° Ost) ist.
Es gilt:

MEZ = WZ – 1 Stunde

Um den Meridian 180° liegt die **Datumsgrenze**. Die Zeitzone, deren Standardmeridian 180° ist, zerfällt in eine westliche und in eine östliche Zone. Beide haben die gleiche Zeit, unterscheiden sich aber im Datum um einen Tag. Um 12.00 Uhr WZ fängt im westlichen Teil (Ortszeit 0 Uhr) ein neuer Tag an. Der östliche Teil benötigt 24 Stunden, bis er an die gleiche Stelle vorgerückt ist.

Beispiel Welche mittlere Ortszeit und welche mitteleuropäische Zeit entsprechen für Nürnberg ($\lambda = 11{,}1°$ O) um 17.36 Uhr wahre Sonnenzeit, wenn Zgl = 3 min gilt?

Lösung:
MOZ = 17 Uhr 36 min – 3 min = 17 Uhr 33 min
MEZ = 17 Uhr 33 min + (15 – 11,1) · 4 min =
= 17 Uhr 33 min + 15,6 min = 17 Uhr 48 min 36 sek.

Zur **Zeitbestimmung** für die **Zeit t** wird die Höhe h des Gestirns gemessen. Es gilt:

$$\cos(90° - h) = \sin\delta \cdot \sin\varphi + \cos\delta \cdot \cos\varphi \cdot \cos\tau$$

Beispiel Auf einem Schiff, das sich auf der geographischen Breite $\varphi = 31{,}9°$ befindet, wird am Vormittag die Sonnenhöhe $h = 21{,}15°$ gemessen. Die Deklination an diesem Tag beträgt $\delta = -15{,}5°$. Zu welcher wahren Sonnenzeit erfolgt die Beobachtung?

Lösung:

$\cos(90° - h) = \sin\delta \cdot \sin\varphi + \cos\delta \cdot \cos\varphi \cdot \cos\tau$

$$\cos\tau = \frac{\cos(90° - 21{,}15°) - \sin(-15{,}5°) \cdot \sin 31{,}9°}{\cos(-15{,}5°) \cdot \cos 31{,}9°}$$

$\Rightarrow \quad \tau = 127{,}85° \mathrel{\hat{=}} 511{,}42 \text{ min} \mathrel{\hat{=}} 8 \text{ Uhr } 31 \text{ min}$

Zur Ermittlung der geographischen Breite φ ermittelt man die obere Kulminationshöhe k_o eines Gestirns. Es gilt:

Geographische Breite

$\varphi = 90° - k_o + \delta$

Beispiel

Welche geographische Breite φ besitzt ein Schiff, das die obere Kulminationshöhe der Sonne mit $k_o = 48{,}9°$ bei einer Sonnendeklination $\delta = 15{,}7°$ bestimmt?

Lösung:

$\varphi = 90° - 48{,}9° + 15{,}7° = 56{,}8°$

Zur Emittlung der geographischen Länge λ bestimmt man die wahre Sonnenzeit WOZ und vergleicht sie mit der Weltzeit WZ bzw. der mitteleuropaischen Zeit MEZ. Es gilt:

Geographische Länge

$\text{WZ} = \text{WOZ} - \text{Zgl} - \lambda \cdot 4 \text{ min}$ bzw.

$\text{MEZ} = \text{WOZ} - \text{Zgl} + (15 - \lambda) \cdot 4 \text{ min}$

Beispiel

Auf welcher geographischen Länge befindet sich ein Schiff, dessen Uhr die Weltzeit WZ = 09.00 Uhr anzeigt, während eine Beobachtung der Sonne die wahre Sonnenzeit aus der Sonnenhöhe als 5 Uhr 18 Min bei einer Zeitgleichung Zgl = –2 min angibt?

Lösung:

$\text{WZ} = \text{WOZ} - \text{Zgl} - \lambda \cdot 4$

$$\lambda = \frac{\text{WOZ} - \text{Zgl} - \text{WZ}}{4} = \frac{318 - 2 - 540}{4} = -56° \quad \Rightarrow \quad \lambda = 56° \text{ W}$$

Stichwortverzeichnis

Ihre Meinung ist uns wichtig!

Ihre Anregungen sind uns immer willkommen. Bitte informieren Sie uns mit diesem Schein über Ihre Verbesserungsvorschläge!

Titel-Nr.	Seite	Vorschlag

Bitte hier abtrennen

Bitte hier abtrennen

Zutreffendes bitte ankreuzen! Die Absenderin/der Absender ist:

- ☐ Lehrer/in den Klassenstufen: ____
- ☐ Fachbetreuer/in
  Fächer: ____
- ☐ Seminarlehrer/in
  Fächer: ____
- ☐ Regierungsfachberater/in
  Fächer: ____
- ☐ Oberstufenbetreuer/in
- ☐ Schulleiter/in
- ☐ Leiter/in Lehrerbibliothek
- ☐ Leiter/in Schülerbibliothek
- ☐ Referendar/in, Termin 2. Staatsexamen: ____
- ☐ Sekretariat
- ☐ Schüler/in, Klasse: ____
- ☐ Eltern
- ☐ Sonstiges: ____

STARK Verlag
Postfach 1852
85318 Freising

17-V1T

Bitte ausfüllen und im frankierten Umschlag an uns einsenden. Für Fensterkuverts geeignet.

Kennen Sie Ihre Kundennummer? Bitte hier eintragen.

Absender (Bitte in Druckbuchstaben!)

Name/Vorname

Straße/Nr.

PLZ/Ort

Telefon privat — Geburtsjahr

E-Mail

Schule/Schulstempel (Bitte angeben!)

Unterrichtsfächer: (Bei Lehrkräften!)

(Bitte blättern Sie um)